电子工艺实习教程

侯培国 李 雪 王正峰 张 瑾 编

燕山大学出版社
·秦皇岛·

图书在版编目(CIP)数据

电子工艺实习教程/侯培国等编. —秦皇岛:燕山大学出版社,2024.6
ISBN 978-7-5761-0624-4

Ⅰ. ①电… Ⅱ. ①侯… Ⅲ. ①电子技术—实习—教材 Ⅳ. ①TN-45

中国国家版本馆 CIP 数据核字(2023)第 238434 号

电子工艺实习教程
DIANZI GONGYI SHIXI JIAOCHENG

侯培国 李 雪 王正峰 张 瑾 编

出 版 人：陈 玉	
责任编辑：王 宁	
责任印制：吴 波	封面设计：刘韦希
出版发行：燕山大学出版社	电 话：0335-8387555
地 址：河北省秦皇岛市河北大街西段 438 号	邮政编码：066004
印 刷：涿州市般润文化传播有限公司	经 销：全国新华书店

开 本：787 mm×1092 mm 1/16	印 张：9
版 次：2024 年 6 月第 1 版	印 次：2024 年 6 月第 1 次印刷
书 号：ISBN 978-7-5761-0624-4	字 数：195 千字
定 价：60.00 元	

版权所有　侵权必究

如发生印刷、装订质量问题,读者可与出版社联系调换
联系电话:0335-8387718

前　　言

　　电子工艺实习既是基本技能和工艺知识的入门向导,又是创新实践的开始和创新精神的启蒙。业界需要"理论知识与实践能力并进,基本技能与创新素养并蓄"的高素质本科毕业生。电子工艺实习课程是本科培养过程中的重要环节,陈旧的实习项目和实习模式已不符合业界需求。

　　电子工艺实习课程采取"实践为主、教学为辅、软硬件交叉进行"的培养模式,使学生掌握电子产品的组成、功能、原理和设计方法,能够独立完成电子产品的组装和调试,培养学生解决实际问题的能力;掌握常用电子元器件的手工焊接工艺,培养学生的动手能力;要求学生独立完成电子产品原理图的绘制、电路仿真,并制作、调试电子产品,培养学生的创新能力;掌握 MicroPython 基础知识、硬件平台、开发技巧,使学生在实践中快速入门。此外,电子工艺实习经历在入门、实践、兴趣挖掘的过程中对学生进一步的专业技能培养作初步准备,为学生后续培养和自主创新提供了一个可扩展的实用平台。

　　通过学习电子工艺实习这门课程,不仅能丰富学生的电子技术实践知识,而且可以培养其严谨的技术工作作风。当今世界,电子技术处在发展变化最活跃的前沿,新的技术层出不穷,电子产品更新换代周期不断缩短。因此,电子工艺实习课程为了适应电子技术的发展变化,需不断更新和丰富实习内容。电子工艺实习的主要内容是以有代表性的基本电子工艺实践为主,辅之以电子元器件应用基本知识,并加入了软、硬件开发内容,力图在电子工艺实习课程中充分实现理论与实践的结合。

　　本书根据电子工艺实习教研室教师多年工作经验编写,针对电子工艺实习课程,教师们组织了多次研讨活动,做了大量细致入微的工作,在编写本书的过程中采纳了多名经验丰富的教师提出的宝贵意见,在此一并致谢。

　　由于编者水平有限且时间仓促,本书中难免存在问题,望广大读者批评指正。

目　　录

第1章　安全用电 ·· 1

1.1　电流对人体的效应及伤害 ·· 1
1.1.1　电流对人体的效应 ·· 1
1.1.2　电流对人体的伤害 ·· 1

1.2　安全电压和安全用具 ·· 3
1.2.1　安全电压 ·· 3
1.2.2　安全用具 ·· 4

1.3　触电急救 ·· 4
1.3.1　脱离电源 ·· 4
1.3.2　现场急救 ·· 5

1.4　实验室用电安全 ·· 8
1.4.1　预防常见用电事故 ·· 8
1.4.2　实验室触电事故应急处置 ·· 8

第2章　Multisim 仿真软件 ··· 10

2.1　Multisim 14.0 软件介绍 ·· 10
2.1.1　Multisim 元件库 ·· 10
2.1.2　Multisim 仪器仪表库 ··· 12

2.2　Multisim 电路仿真 ··· 18

第3章　常用电子元器件 ·· 22

3.1　电阻器 ·· 22
3.1.1　电阻器的性能指标 ·· 22
3.1.2　电阻器的型号和标识方法 ·· 23

3.1.3 电位器	24
3.1.4 常用电位器和电阻器	25
3.1.5 电阻器选用标准	32
3.1.6 电阻器的检测	33
3.2 电容器	33
3.2.1 电容器的性能指标	33
3.2.2 电容器的型号和标识方法	34
3.2.3 常用电容器	35
3.3 电感器	37
3.3.1 电感器的性能指标	37
3.3.2 电感线圈的标识方法	38
3.4 半导体器件	38
3.4.1 二极管的单向导电性	39
3.4.2 二极管的伏安特性	40
3.4.3 常见二极管	42
3.4.4 三极管	43
3.4.5 场效应晶体管	45
3.4.6 场效应晶体管和三极管的主要区别	45

第4章 电子产品焊接工艺 47

4.1 焊接的基本知识	47
4.2 焊料与焊剂	48
4.3 手工焊接技术	48
4.3.1 焊接工具	48
4.3.2 手工焊接技术	51
4.3.3 印制电路板的安装与焊接	53
4.4 表面安装技术	55
4.4.1 表面安装技术简介	55
4.4.2 表面安装元件	56
4.4.3 表面安装设备	56
4.4.4 表面安装焊接	58

第 5 章 电子小制作

5.1 电子产品整机制作特点和方法
5.1.1 电子产品整机装配工作的主要特点
5.1.2 整机的布局和布线
5.2 直流稳压电源的设计
5.2.1 变压器
5.2.2 整流电路
5.2.3 滤波电路
5.2.4 稳压电路
5.3 NE555 芯片的应用
5.3.1 单稳模式
5.3.2 无稳模式
5.4 流水灯控制电路的设计和制作
5.4.1 基本方波电路
5.4.2 逻辑电平检测电路
5.4.3 蜂鸣器电路
5.4.4 流水灯电路
5.5 元器件的布线和结构以及安装与调试
5.5.1 布线和结构
5.5.2 安装与调试
5.5.3 电子制作的要点

第 6 章 MicroPython

6.1 MicroPython 简介
6.2 MicroPython 的特点
6.3 MicroPython 的系统结构

第 7 章 基于 STM32 平台介绍

7.1 开发环境建立
7.2 开发套件使用

7.2.1 驱动安装 ··· 80

  7.2.2 REPL 串口交互调试 ··· 83

 7.3 STM32F411 介绍 ··· 86

第 8 章 MicroPython 基础知识 ·· 88

 8.1 点亮第一个 LED ·· 88

 8.2 LED 闪烁 ·· 89

 8.3 GPIO ··· 90

 8.4 流水灯 ·· 91

 8.5 定时器 ·· 92

第 9 章 MicroPython 应用 ··· 96

 9.1 蜂鸣器 ·· 96

 9.2 按键 ·· 97

 9.3 触摸按键 ··· 98

 9.4 温湿度传感器 DHT11 ·· 100

 9.5 TM1638 模块 ·· 102

 9.6 点阵模块 ··· 109

 9.7 OLED 模块 ··· 111

 9.8 UART ·· 116

 9.9 蓝牙模块 ··· 117

 9.10 直流电机 ··· 124

 9.11 L298N 电机驱动模块 ·· 125

 9.12 WS2812 模块 ··· 132

  9.12.1 WS2812 模块概述 ·· 132

  9.12.2 通信协议 ·· 133

  9.12.3 程序实现 ·· 135

第1章　安全用电

安全用电,是指在保证用电设备使用功能的前提下,更加注重用电设备使用过程的安全和保护,避免任何因用电而导致的安全隐患,包括人身安全、设备安全等各方面。安全用电是在充分理解设备工作原理和特性的基础上,通过正确的、合理的维护等多方面措施,避免设备在使用过程中存在种种因素而导致各种安全隐患。

1.1　电流对人体的效应及伤害

1.1.1　电流对人体的效应

电作用于人体的机理是一个很复杂的问题,影响因素很多,对于同样的情况,不同的人产生的生理效应也不尽相同,即使同一个人,在不同的环境、不同的生理状态下,生理效应也不相同。大量的研究表明,电对人体的伤害主要来自电流。人体触及带电体并形成电流通路,造成人体伤害,称为触电。电流流过人体时,电流的热效应会引起肌体烧伤、炭化或在某些器官上产生损坏其正常功能的高温;肌体内的体液或其他组织会发生分解作用,从而使各种组织的结构和成分遭到严重破坏;肌体的神经组织或其他组织因受到刺激而兴奋,内分泌失调,使人体内部的生物电遭到破坏;产生一定的机械外力,引起肌体的机械性损伤。因此,电流流过人体时,人体会产生不同程度的刺麻、酸疼、打击感,并伴随不自主的肌肉收缩、心慌、惊恐等症状,严重时会出现心律不齐、昏迷、心跳及呼吸停止甚至死亡的严重后果。

1.1.2　电流对人体的伤害

电流对人体的伤害可以分为两种类型,即电伤和电击。

1. 电伤

电伤是指由于电流的热效应、化学效应和机械效应引起人体外表的局部伤害,如电灼伤、电烙印、皮肤金属化等。

2. 电击

电击是指电流流过人体内部造成人体内部器官的伤害。当电流流过人体时,造成人体内部(如呼吸系统、血液循环系统、中枢神经系统等)器官生理或病理变化,工作机能紊乱,严重时会导致休克甚至死亡。

电击是触电事故中后果最严重的一种,绝大部分触电死亡事故都是电击造成的。通常所说的触电事故,主要是指电击。电击伤害的影响因素主要有如下几个方面。

(1) 电流及电流持续时间

① 当不同大小的电流流经人体时,往往有各种不同的感觉,通过的电流越大,人体的生理反应越明显,感觉也越强烈。按电流通过人体时的生理机能反应和对人体的伤害程度,可将电流分成以下三级:

a. 感知电流:使人体能够感觉,但不遭受伤害的电流。感知电流的最小值为感知阈值。感知电流通过时,人体有麻酥、灼热感。人对交、直流电流的感知阈值分别约为 0.5 mA、2 mA。

b. 摆脱电流:人体触电后能够自主摆脱的电流。摆脱电流的最大值是摆脱阈值。人对交、直流电流的摆脱阈值分别是 10 mA、50 mA。摆脱电流通过时,人体除有麻酥、灼热感外,还有疼痛、心律障碍感。

c. 致命电流:人体触电后危及生命的电流。由于导致触电死亡的主要原因是发生心室纤维性颤动,故将致命电流的最小值称为致颤阈值。人对交、直流电流的致颤阈值分别是 30 mA、50 mA(3 s)。

② 电流频率。电流通过人体脑部和心脏时最危险。20~80 Hz 交流电对人危害最大,因 20~80 Hz 最接近于人的心肌最高震颤频率,故最容易引起心肌被动性震颤麻痹而导致心搏骤停。以工频电流为例,当 1 mA 左右的电流通过人体时,会产生麻刺等不舒服的感觉;10~30 mA 的电流通过人体,会产生麻痹、剧痛、痉挛、血压升高、呼吸困难等症状,但通常不致有生命危险;当电流达到 50 mA 以上,就会引起心室颤动而有生命危险;100 mA 以上的电流,足以致人于死地。

通过人体电流的大小与触电电压和人体电阻有关。

③ 电流持续时间。电流对人体的伤害与流过人体电流的持续时间有着密切的关系。电流持续时间越长,其对应的致颤阈值越小,电流对人体的危害越严重。这是因为,一方面,时间越长,体内积累的外能量越多,人体电阻因出汗及电流对人体组织的电解作用而变小,使伤害程度进一步增加;另一方面,人的心脏每收缩、舒张一次,中间约有 0.1 s 的间隙,在这 0.1 s 的时间内,心脏对电流最敏感,若电流在这一瞬间通过心脏,即使电流很小(几十毫安),也会引起心室颤动。显然,电流持续时间越长,重合这段危险期的概率越大,危险性也越大。一般认为,工频电流 15~20 mA 以下及直流 50 mA 以下,对于人体来说是安全的,但如果持续时间很长,即使电流小到 8~10 mA,也可能有致命危险。

(2) 人体电阻

人体触电时,当接触的电压一定,流过人体的电流大小由人体电阻决定,人体电阻越小,

第 1 章　安全用电

流过的电流则越大,人体所遭受的伤害也越大。

人体的不同部分(如皮肤、血液、肌肉及关节等)对电流呈现出一定的阻抗,即人体电阻。其大小不是固定不变的,受许多因素影响,如接触电压、电流路径、持续时间、接触面积、温度、压力、皮肤厚薄及完好程度、潮湿、脏污程度等。总的来讲,人体电阻由体内电阻和表皮电阻组成。

体内电阻是指电流流过人体时,人体内部器官呈现的电阻,其数值主要决定于电流的通路。当电流流过人体内不同部位时,体内电阻呈现的数值不同。电阻最大的通路是从一只手到另一只手,或从一只手到另一只脚或双脚,这两种电阻基本相等;电流流过人体其他部位时,呈现的体内电阻都小于这两种电阻。一般认为,人体的体内电阻为 500 Ω 左右。

表皮电阻是指电流流过人体时,两个不同触电部位皮肤上的电极和皮下导电细胞之间的电阻之和。表皮电阻随外界条件不同而在较大范围内变化。当电流、电压、电流频率及持续时间、接触压力、接触面积、温度增加时,表皮电阻会下降;当皮肤受伤甚至破裂时,表皮电阻会随之下降,甚至降为零。可见,人体电阻是一个变化范围较大,且受许多因素影响的变量,只有在特定条件下才能测定。不同条件下的人体电阻有所不同,一般情况下,人体电阻可按 1 000~2 000 Ω 考虑,在安全程度要求较高的场合,人体电阻可按不受外界因素影响的体内电阻(500 Ω)来考虑。

1.2　安全电压和安全用具

1.2.1　安全电压

安全电压是指不戴任何防护设备,对人体各部分组织均不造成伤害,不会使人发生触电危险的电压,或者是人体触及时,通过人体的电流不大于致颤阈值的电压。

在人们容易触及带电体的场所,动力、照明电源均采用安全电压,防止人体触电。

通过人体的电流取决于加于人体的电压和人体电阻,安全电压就是以人体允许通过的电流与人体电阻的乘积为依据确定的。例如,对工频 50~60 Hz 的交流电压,取人体电阻为 1 000 Ω,致颤阈值为 50 mA,故在任何情况下,安全电压的上限不超过 50 mA×1 000 Ω = 50 V。影响人体电阻大小的因素很多,所以根据工作的具体场所和工作环境,各国规定了相应的安全电压等级。我国的安全电压体系是 42 V、36 V、12 V、6 V,直流安全电压上限是 72 V。在干燥、温暖、无导电粉尘、地面绝缘的环境中,也有使用交流电压为 65 V 的。

世界各国对于安全电压的规定有 50 V、40 V、36 V、25 V、24 V 等,其中以 50 V、25 V 居多。

国际电工委员会(IEC)规定安全电压限定值为 50 V。我国规定 12 V、24 V、36 V 三个电压等级为安全电压级别。在湿度大、狭窄、行动不便、周围有大面积接地导体的场所(如金属容器内、矿井内、隧道内等)使用的手提照明,应采用 12 V 安全电压。

凡手提照明器具,在危险环境、特别危险环境的局部照明灯,高度不足 2.5 m 的一般照明灯,便携式电动工具等,若无特殊的安全防护装置或安全措施,均应采用 24 V 或 36 V 安全电压。

采用安全电压无疑可有效地防止触电事故的发生,但由于工作电压降低,要传输一定的功率,工作电流就必须增大。这就要求增加低压回路导线的截面积,使投资费用增加。一般安全电压只适用于小容量的设备,如行灯、机床局部照明灯及危险度较高的场所中使用的电动工具等。

需要指出的是,采用安全电压并不意味着绝对安全。如人体在汗湿、皮肤破裂等情况下长时间触及电源,也可能发生电击伤害。当电气设备电压超过 24 V 安全电压等级时,还要采取防止直接接触带电体的保护措施。

1.2.2 安全用具

常用的安全用具有绝缘手套、绝缘靴、绝缘棒三种。

1. 绝缘手套

绝缘手套由绝缘性能良好的特种橡胶制成,有高压、低压两种。佩戴绝缘手套操作高压隔离开关和断路器等设备或在带电运行的高压和低压电气设备上工作时,可预防接触电压。

2. 绝缘靴

绝缘靴也是由绝缘性能良好的特种橡胶制成的,穿戴它带电操作高压或低压电气设备时可防止跨步电压对人体的伤害。

3. 绝缘棒

绝缘棒又称绝缘杆、操作杆或拉闸杆,用电木、胶木、塑料、环氧玻璃布棒等材料制成。

1.3 触电急救

在日常生活、生产过程中,人身触电事故时有发生,但触电并不等于死亡。实践证明,只要救护者用最快速、正确的方法对触电者施救,多数触电者是有生还概率的。触电急救的关键是迅速脱离电源及正确的现场急救。

1.3.1 脱离电源

触电急救,首先要使触电者迅速脱离电源,越快越好。因为电流作用时间越长,伤害越严重。脱离电源就是要把触电者接触的那一部分带电设备的开关或其他断路设备断开,或设法将触电者与带电设备脱离。在脱离电源过程中,救护人员既要救人,又要注意保护自己。触电者未脱离电源前,救护人员不准直接用手触及触电者,以免发生触电危险。

1. 脱离低压电源

(1) 触电者触及低压设备时,救护人员应设法迅速切断电源,如就近拉开电源开关或刀开关、拔除电源插头等。

(2) 如果电源开关、瓷插熔断器或电源插座距离较远,可用有绝缘手柄的电工钳或干燥木柄的斧头、铁锹等利器切断电源。切断点应选择导线在电源侧有支持物处,防止带电导线断落触及其他人体。剪断电线要分相,一根一根地剪断,并尽可能站在绝缘物体或木板上。

(3) 如果导线搭落在触电者身上或压在身下,可用干燥的木棒、竹竿等绝缘物品将触电者拉脱电源。如果触电者衣服是干燥的,又没有紧缠在身上,不至于使救护人员直接触及触电者的身体时,救护人员可直接用一只手抓住触电者不贴身的衣服,将触电者拉脱电源。也可站在干燥的木板、木桌椅或橡胶垫等绝缘物品上,用一只手将触电者拉脱电源。

(4) 如果电流通过触电者入地,并且触电者紧握导线,可设法用干燥的木板塞进其身下使其与地绝缘而切断电流,然后采取其他方法切断电源。

2. 脱离高压电源

抢救高压触电者脱离电源与低压触电者脱离电源的方法大为不同,因为电压等级高,一般绝缘物对抢救者不能保证安全,电源开关距离远、不易切断电源,电源保护装置比低压灵敏度高等。为使高压触电者脱离电源,可用如下方法:

(1) 尽快与有关部门联系,停电。

(2) 戴上绝缘手套,穿上绝缘靴,拉开高压断路器或用相应电压等级的绝缘工具拉开高压跌落式熔断器,切断电源。

(3) 如触电者触及高压带电线路,又不可能迅速切断电源开关时,可采用抛挂足够截面、适当长度的金属短路线的方法,迫使电源开关跳闸。抛挂前,将短路线的一端固定在铁塔或接地引下线上,另一端系重物。但抛挂短路线时,应注意防止电弧伤人或断线危及人员安全。

(4) 如果触电者触及断落在地上的带电高压导线,救护人员应穿绝缘鞋或临时双脚并紧跳跃接近触电者,否则不能接近断线点 8 m 以内,以防跨步电压伤人。

1.3.2 现场急救

触电者脱离电源后,应迅速正确判定其触电程度,有针对性地实施现场紧急救护。

1. 触电者伤情的判定

(1) 触电者如神态清醒,只是心慌、四肢发麻、全身无力,但没有失去知觉,则应使其就地平躺、严密观察,暂时不要站立或走动。

（2）触电者若神志不清、失去知觉，但呼吸和心脏尚正常，应使其舒适平卧，保持空气流通，同时立即请医生或送医院诊治。随时观察，若发现触电者出现呼吸困难或心跳失常，则应迅速用心肺复苏法进行人工呼吸或作胸外心脏按压。

（3）如果触电者失去知觉，心跳、呼吸停止，则应判定触电者是否为假死症状。触电者若无致命外伤，没有得到专业医务人员证实，不能判定触电者死亡，应立即对其进行心肺复苏。

对触电者应在 10 s 内用看、听、试的方法，判定其呼吸、心跳情况：

看：看触电者的胸部、腹部有无起伏动作。

听：用耳贴近触电者的口鼻处，听有无呼吸的声音。

试：试测口鼻有无呼气的气流，再用两手指轻试一侧（左或右）喉结旁凹陷处的颈动脉有无脉动。

若看、听、试的结果是既无呼吸又无动脉搏动，可判定呼吸、心跳停止。

2. 心肺复苏

触电者呼吸和心跳均停止时，应立即按心肺复苏支持生命的三项基本措施，正确地进行就地抢救。

（1）畅通气道

触电者呼吸停止，重要的是始终确保气道畅通。如发现触电者口内有异物，可将其身体及头部同时侧转，迅速用一个手指或两个手指交叉从口角处插入，取出异物。操作中要防止将异物推到咽喉深部。畅通气道可以采用仰头抬颌法。用一只手放在触电者前额，另一只手的手指将其下颌骨向上抬起，两手协同将头部后仰，舌根随之抬起。严禁用枕头或其他物品垫在触电者头下，头部抬高前倾，会加重气道阻塞，且使胸外按压时流向脑部的血流减少，甚至消失。

（2）口对口(鼻)人工呼吸

在保持触电者气道畅通的同时，救护人员在触电者头部的右边或左边，用一只手捏住触电者的鼻翼，深吸气，与触电者口对口紧合，在不漏气的情况下，连续大口吹气两次，每次 1~1.5 s，人工呼吸姿势及注意事项如图 1.1 所示。正常口对口(鼻)人工呼吸的吹气量不需过大，但要使触电者的胸部膨胀，每 5 s 吹一次(吹 2 s，放松 3 s)。对触电的小孩，只能小口吹气。救护人换气时，放松触电者的嘴和鼻，使其自动呼气。吹气时如有较大阻力，可能是头部后仰不够，应及时纠正。触电者如牙关紧闭，可口对鼻人工呼吸。口对鼻人工呼吸时，要将触电者嘴唇紧闭，防止漏气。如两次吹气后测试颈动脉仍无脉动，可判断心跳已经停止，要立即同时进行胸外按压。

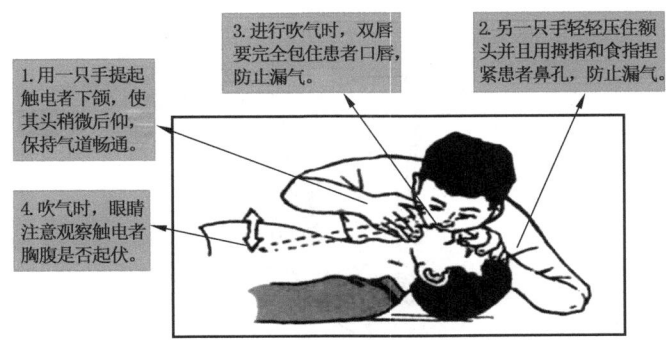

图 1.1 人工呼吸姿势及注意事项

（3）胸外按压

胸外按压是现场急救中使触电者恢复心跳的唯一手段。

首先，要确定正确的按压位置。正确的按压位置是保证胸外按压效果的重要前提。确定正确按压位置的步骤如下：

① 右手的食指和中指沿触电者的右侧肋弓下缘向上，找到肋骨和胸骨接合点的中点。

② 两手指并齐，中指放在切迹中点（剑突底部），食指放在胸骨下部。

③ 另一只手的掌根紧挨食指上缘，置于胸骨上，即为正确的按压位置。

正确的按压姿势是达到胸外按压效果的基本保证。正确的按压姿势如下（见图1.2）：

① 使触电者仰面躺在平硬的地方，救护人员立或跪在触电者一侧肩旁，救护人员的两肩位于触电者胸骨正上方，两臂伸直，肘关节固定不屈，两手掌根相叠，手指翘起，不接触触电者胸壁。

② 以髋关节为支点，利用上身的重力，垂直将正常成人胸骨压陷 3~5 cm（儿童和瘦弱者酌减）。

③ 压至要求程度后，立即全部放松，但救护人员的掌根不得离开胸壁，按压必须有效，有效的标志是按压过程中可以触及颈动脉搏动。

胸外按压操作频率：

① 胸外按压要以均匀速度进行，每分钟 80 次左右，每次按压和放松的时间相等。

② 胸外按压与口对口（鼻）人工呼吸同时进行，其节奏为单人抢救时，每按压 15 次后吹气两次，反复进行；双人抢救时，每按压 5 次后由另一个吹气一次，反复进行。

③ 按压吹气 1 min 后，应用看、听、试的方法在 5~7 s 内完成对触电者呼吸和心跳是否恢复的再判定。若判定颈动脉已有脉动但无呼吸，则暂停胸外按压，而再进行两次口对口（鼻）人工呼吸，接着每 5 s 吹气一次。如脉搏和呼吸均未恢复，则继续坚持用心肺复苏法抢救。

图 1.2 胸外按压姿势

3. 现场急救的注意事项

（1）现场急救贵在坚持，在医务人员来接替抢救前，现场人员不得放弃现场急救。

（2）心肺复苏应在现场就地进行，不要为方便而随意移动触电者，如确需移动时，抢救中断时间不应超过 30 s。

（3）现场触电急救，对采用肾上腺素等药物应持慎重态度，如果没有必要的诊断设备条件和足够的把握，不得乱用。

（4）对触电过程中的外伤特别是致命外伤（如动脉出血等），也要采取有效的方法处理。

1.4 实验室用电安全

1.4.1 预防常见用电事故

（1）进入实验室需首先检查用电线路绝缘性，插座、开关等带电部分绝对不能外露，以防触电。

（2）禁止使用插排乱拉乱接电线，以防触电或发生火灾。

（3）不要用潮湿抹布擦拭带电的电器，以防触电。

（4）如遇电器发生火灾，要先切断电源，切忌直接用水扑火，以防触电。

（5）发现有人触电，应先设法断开电源，然后进行急救。

（6）发现电器设备冒烟或闻到异味时，要迅速切断电源进行检查。

（7）勿用潮湿的工具或金属物质拨开电线，勿用手触及带电者。

1.4.2 实验室触电事故应急处置

（1）要使触电者迅速脱离电源，应立即拉下电源开关或拔掉电源插头，若无法及时找到或断开电源时，可用干燥的竹竿、木棒等绝缘物挑开电线。

（2）将脱离电源的触电者迅速移至通风干燥处仰卧，将其上衣和裤带放松，观察触电者有无呼吸，摸一摸颈动脉有无脉动。

（3）若触电者呼吸及心跳均停止，应做人工呼吸和胸外按压，即实施心肺复苏法抢救，另外要及时打电话呼叫救护车。

（4）尽快送往医院，途中应继续施救。

（5）无法切断电源时，应用不导电的灭火剂灭火，不要用水及泡沫灭火剂。

（6）迅速拨打报警电话。

第 2 章　Multisim 仿真软件

Multisim 是一种专门用于电路仿真和设计的软件,是 NI 公司下属的 ElectroNIcs Workbench Group 推出的以 Windows 为基础的仿真工具,是目前最为流行的 EDA 软件之一。该软件基于 PC 平台,采用图形操作界面虚拟仿真了一个与实际情况非常相似的电子电路实验工作台,几乎可以完成在实验室进行的所有电子电路实验,已被广泛地应用于电子电路分析、设计、仿真等各项工作中。

Multisim 的最大特色是其提供了几千种元器件和常用的虚拟仪器仪表,我们所设计的电路大部分都可以通过这些元器件和虚拟仪器仪表来进行仿真。Multisim 的电路仿真就是把设计好的电路图通过软件的用户界面"输入"电脑中,电脑通过分析电路的器件连接和逻辑关系,把电路的"输出"和工作状态等信息在软件中显示出来。

Multisim 软件具有多种版本,但基本功能和界面相似。接下来,我们以 Multisim 14.0 为例,一起来学习 Multisim 软件的使用。

2.1　Multisim 14.0 软件介绍

Multisim 14.0 页面分为通用菜单栏、工具栏、元件库栏、仪器栏、项目管理栏、电路工作栏。

工具栏从左到右依次是新建、打开、存盘、打印、剪切、复制、粘贴、旋转、设计工具箱。

元件库栏从左到右依次是电源库、基本元件库、二极管库、晶体管库、模拟元器件库、TTL 元器件库、CMOS 元器件库、其他数字元器件、模数混合元器件库、指示器件库、功率元件库、混合元件库、外设元器件库、电机元件库、NI 元件库、MCU 元件库、层次块调用库、总线库。

2.1.1　Multisim 元件库

Multisim 元件库区域是使用频率最高的位置,这里有 Multisim 软件进行仿真所需的所有元件。元件库的一级菜单如图 2.1 所示。

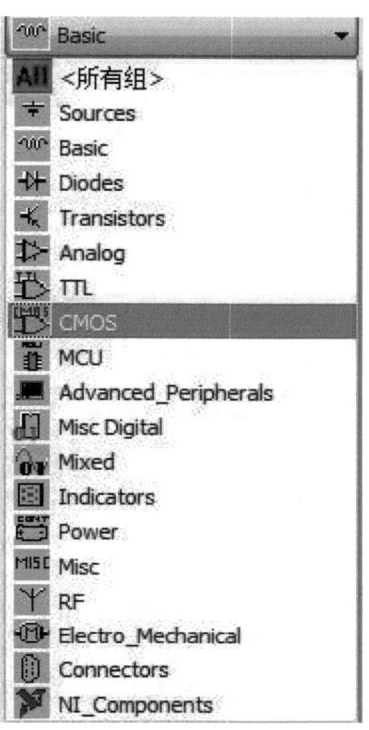

图 2.1　Multisim 14.0 元件库的一级菜单

分菜单介绍如下：

（1）Sources(有源器件)，主要是与电源、信号源有关的元器件，其中包括常用的直流电源、交流电源、接地、电流源、电压源、AM 信号源、FM 信号源等。

（2）Basic(基础器件)，包括基本虚拟元件、额定虚拟元件、三维虚拟元件、排阻、开关、变压器、非线性变压器、Z 负载、继电器、连接器、可编辑的电路图符号、插座、电阻、电容、电感、电解电容、可变电容、可变电感、电位器等多种元件。

（3）Diodes(二极管类)，包括虚拟二极管、普通二极管、稳压二极管、发光二极管、单相整流桥、肖特基二极管、晶闸管、双向触发二极管、三端双向晶闸管、变容二极管、PIN 二极管等多种器件。

（4）Transistors(三极管类)，包括虚拟晶体管、NPN 晶体管、PNP 晶体管、达林顿 NPN 晶体管、达林顿 PNP 晶体管、达林顿晶体管阵列、带偏置 NPN 型 BJT 管、带偏置 PNP 型 BJT 管、BJT 晶体管阵列、绝缘栅型场效应管、N 沟道耗尽型 MOS 管、N 沟道增强型 MOS 管、P 沟道增强型 MOS 管、N 沟道 JFET、P 沟道 JFET、N 沟道功率 MOSFET、P 沟道功率 MOSFET、COMP 功率 MOSFET、单结型晶体管、热效应管等多种器件。

（5）Analog（模拟类 IC），包括模拟集成电路、运算放大器、诺顿运算放大器、比较器、宽频运算放大器、特殊功能运算放大器等器件。

（6）TTL（TTL 电路），包括与、或、非门，各种复合逻辑运算门，触发器，中规模集成芯片，74××系列和 74Ls××系列等 74 系列数字电路器件等多种器件。

（7）CMOS（CMOS 电路），集合了 74HC、4000 等系列的 CMOS 集成电路。

（8）MCU（微控单元），集合了 805X 系列单片机、PLC、RAM、ROM。

（9）Advanced_Peripherals（高级外设），主要是各种键盘、显示器等。

（10）Misc Digital（复合数字类 IC），包括存储器等复合集成电路。

（11）Mixed（混合类 IC），主要有数/模转换、模/数转换、555 集成电路等。

（12）Indicators（指示器件），包括电流表、电压表、数码管、指示灯、蜂鸣器等。

（13）Power（电源元器件），包括电源控制器、开关、转换控制器、热插拔控制器、电压监视器、基准电压器件、电压调整器、LED 驱动器件、电机驱动器件、继电器驱动器件、保护隔离装置等。

（14）Misc（多功能器件），包括晶振、光耦、参考电压源、熔丝、电子管等。

（15）RF（射频器件），包括射频电感、射频电容、射频晶体管等。

（16）Electro_Mechanical（电子机械器件），包括感应开关、电机、变压器等器件。

（17）Connectors（接口元器件），包括音视频接口、VGA 接口、定制多功能外设接口、电源接口、矩形接口、射频接口、I/O 信号接口、接线端子、USB 接口等。

（18）NI_Components（虚拟仪器类），包括各系列数据采集系统、GPIB 总线接口、用于测量自动化系统的高性能信号调理和开关平台等。

2.1.2　Multisim 仪器仪表库

主页面最右侧一列是 Multisim 仿真软件提供的虚拟仪器仪表，自上到下分别是：

（1）万用表：用于测量直流/交流电压和电流，如图 2.2 所示。

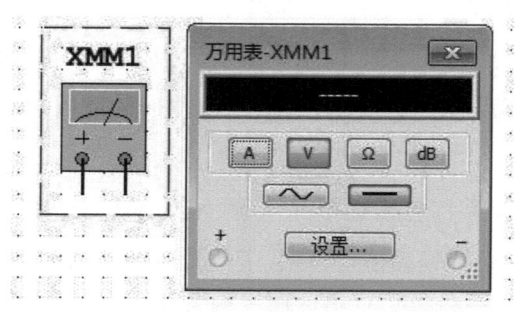

图 2.2　Multisim 14.0 万用表图形及页面

（2）函数发生器：产生各种频率的正弦波、锯齿波和方波，如图 2.3 所示。

第 2 章　Multisim 仿真软件

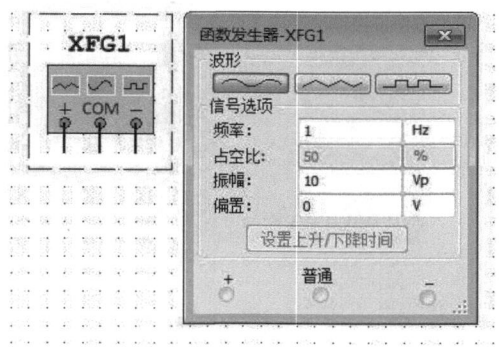

图 2.3　**Multisim 14.0 函数发生器图形及页面**

（3）瓦特计：用于测量功率和功率因数，如图 2.4 所示。

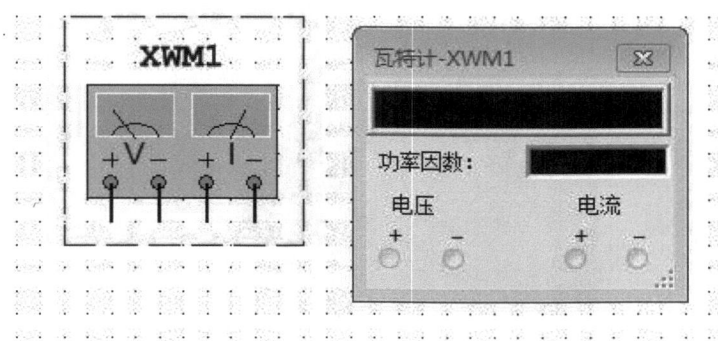

图 2.4　**Multisim 14.0 瓦特计图形及页面**

（4）示波器：显示信号的幅值和频率的变化，更改 X 轴位移和 Y 轴位移刻度，以便于观测信号，如图 2.5 所示。

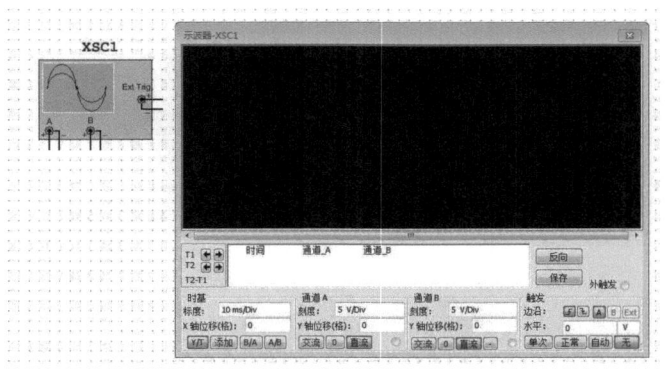

图 2.5　**Multisim 14.0 示波器图形及页面**

（5）四通道示波器：显示信号的幅值和频率的变化，使用方法同示波器，如图 2.6 所示。

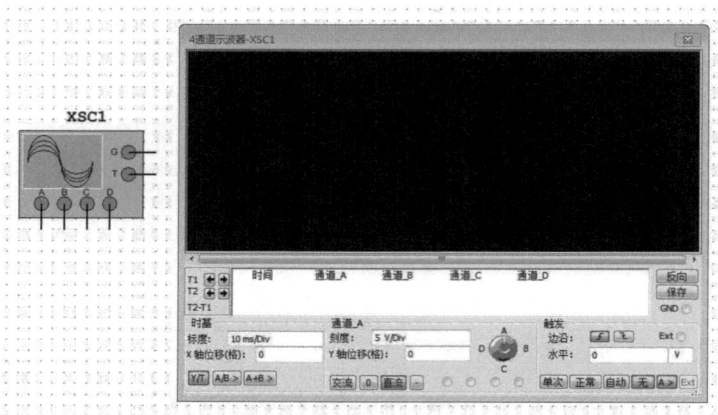

图 2.6　Multisim 14.0 四通道示波器图形及页面

（6）波特测试仪：分析电路频率相应特性，如图 2.7 所示。

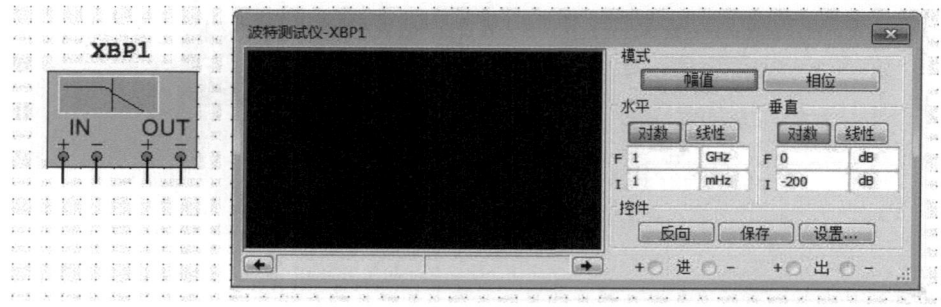

图 2.7　Multisim 14.0 波特测试仪图形及页面

（7）频率计数器：用来测量数字信号的频率、周期、相位以及脉冲信号的上升沿和下降沿，如图 2.8 所示。

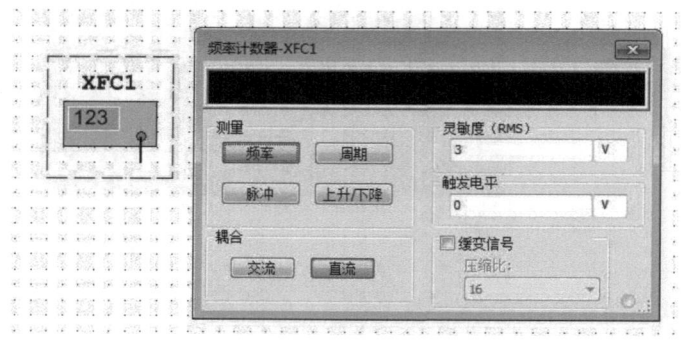

图 2.8　Multisim 14.0 频率计数器图形及页面

（8）字发生器：产生 16 位二级制数字信号，如图 2.9 所示。

第 2 章　Multisim 仿真软件

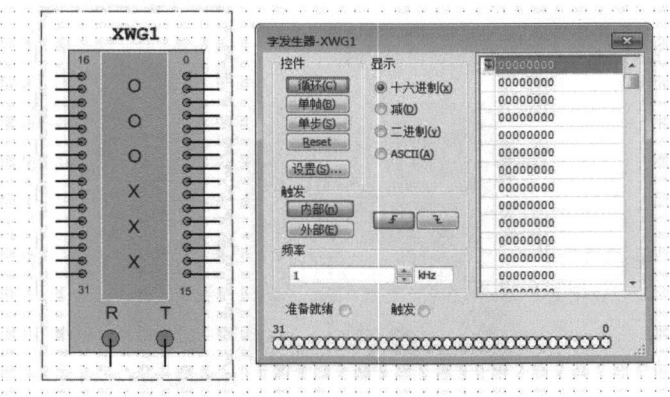

图 2.9　Multisim 14.0 字发生器图形及页面

（9）逻辑变换器：用于真值表、逻辑表达式及逻辑电路之间的转换，如图 2.10 所示。

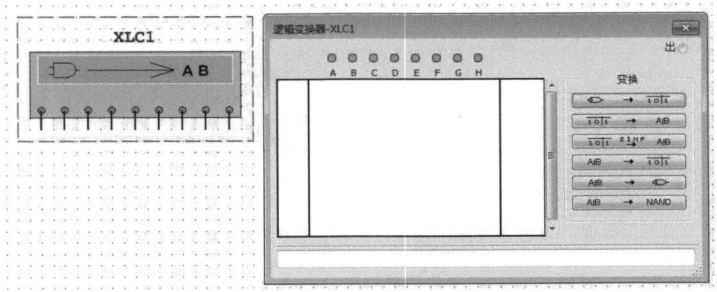

图 2.10　Multisim 14.0 逻辑变换器图形及页面

（10）逻辑分析仪：观察逻辑电平，如图 2.11 所示。

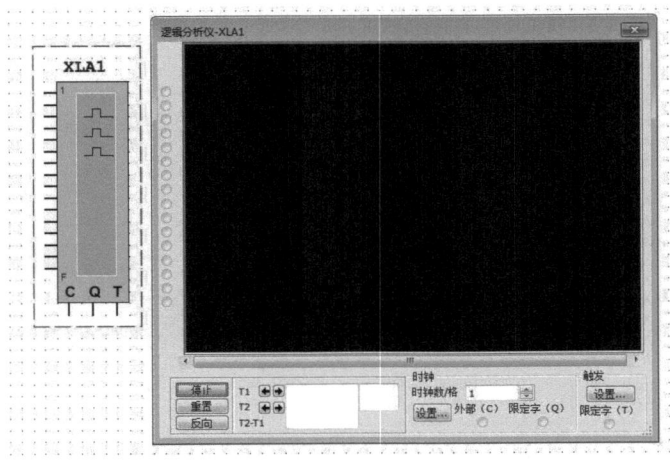

图 2.11　Multisim 14.0 逻辑分析仪图形及页面

15

（11）IV 分析仪：用于分析元件的伏安特性，例如二极管、三极管等元件，快速画出这些元件的伏安特性曲线，如图 2.12 所示。

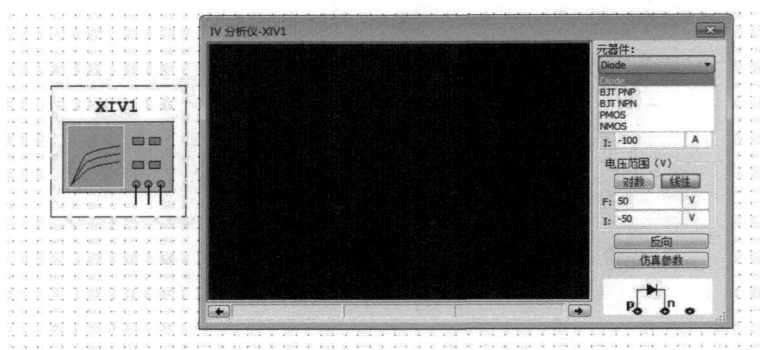

图 2.12　Multisim 14.0 IV 分析仪图形及页面

（12）失真分析仪：对于特定频率的信号失真量进行测量，如图 2.13 所示。

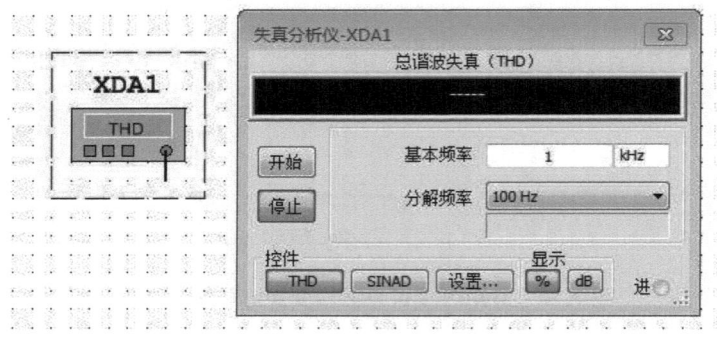

图 2.13　Multisim 14.0 失真分析仪图形及页面

（13）光谱分析仪：用于测量幅频特性，如图 2.14 所示。

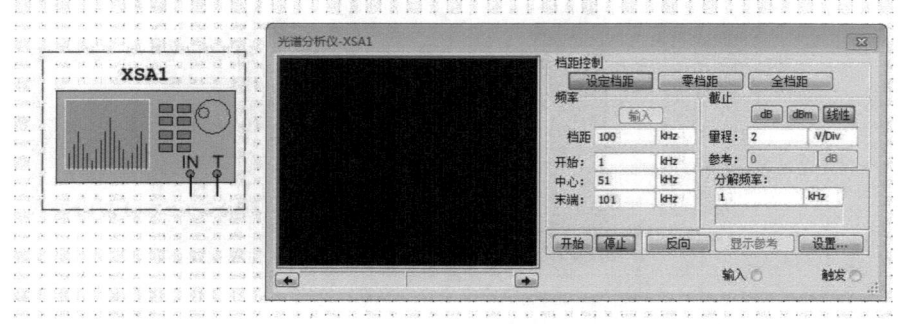

图 2.14　Multisim 14.0 光谱分析仪图形及页面

（14）网络分析仪：用于测量电路的散射参数，如图 2.15 所示。

第 2 章　Multisim 仿真软件

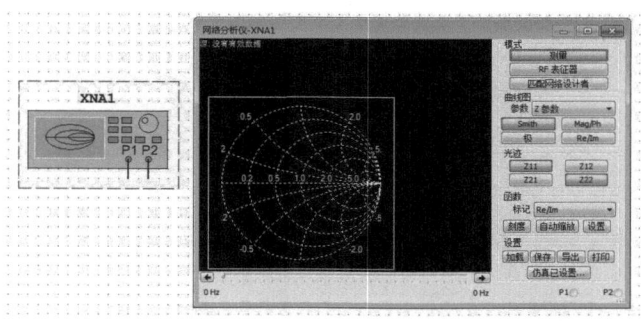

图 2.15　Multisim 14.0 网络分析仪图形及页面

此外,虚拟仪器中还添加了更漂亮、功能更强大的仪器,例如 Agilent 万用表、Agilent 示波器、Tektronix 示波器。它们的观察窗口比普遍仪器仪表更加真实,例如图 2.16 和图 2.17 所示的 Agilent 万用表和 Agilent 示波器,界面的按钮和旋钮可以通过鼠标进行操作,就像是在使用真实仪器一样。

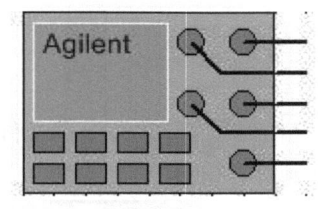

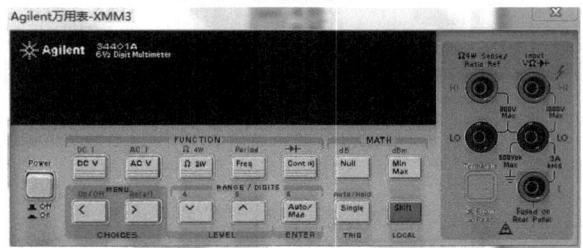

图 2.16　Multisim 14.0 Agilent 万用表

17

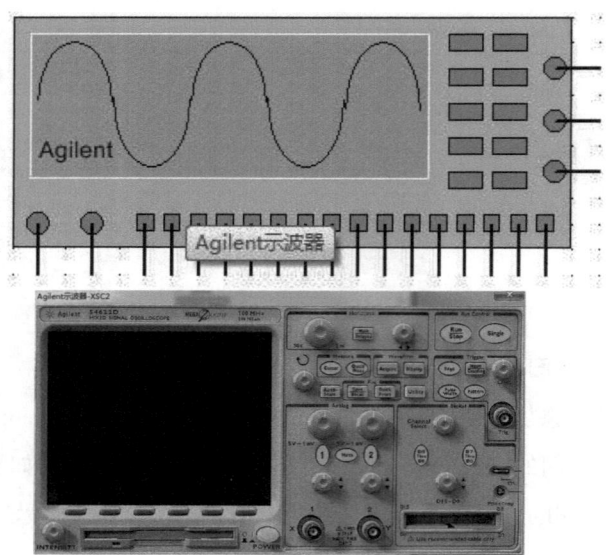

图 2.17　Multisim 14.0 Agilent 示波器

2.2　Multisim 电路仿真

　　Multisim 的初始页面是一张空白的图纸,并且保存文件后其后缀为".Ms14",现在我们在这张图纸上绘制一个简单的二极管发光电路。

　　从电源开始绘制仿真电路图或许是个不错的画图顺序。单击元器件栏中的"Sources"按钮,将弹出一个电源/信号源集合,其中是 Multisim 14.0 所提供的全部电源或信号源。让一个二极管发光,我们需要一个直流电源,于是在集合中单击一下"POWER_SOURCES"按钮,在子菜单中选择"DC_POWER",双击,然后移动鼠标至工作窗口的适当位置后再次单击,这样就放好了一个电源,如图 2.18 所示。如果在移动鼠标的过程中想放弃放置元器件,则单击鼠标右键即可;如果放置到工作窗口中的器件有误,可用鼠标选中该器件,按键盘的"Delete"键删除。

第 2 章　Multisim 仿真软件

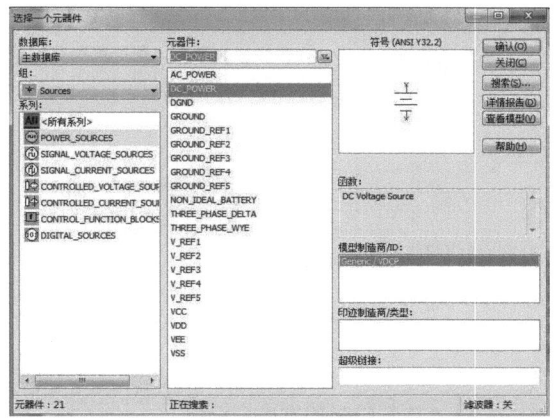
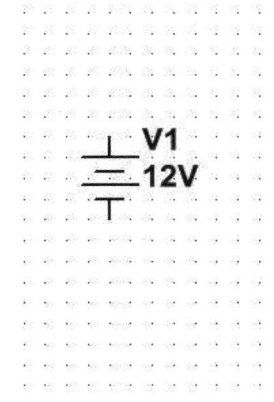

图 2.18　Multisim 14.0 直流电源

放置好的电池旁边出现了两个标志,其中"V1"是电源/信号源的序号,如果再放置一个电源/信号源,则自动生成的序号为 V2。另一个标志"12 V"代表该电池的电压为 12 V,双击图中电池的电路符号,弹出如图 2.19 所示的电池属性对话框。在"标签"菜单中可以更改电源名称,在"值"菜单中,可以修改电压值等参数。

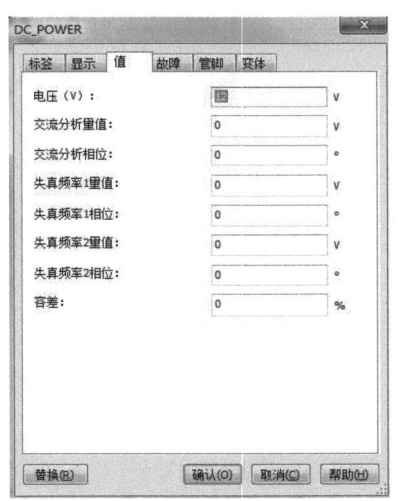

图 2.19　Multisim 14.0 直流电源设置页面

接下来放置其他元件继续完成电路仿真。在"Basic"组中选择"RESISTOR"系列,任选一个电阻(阻值可之后更改)放置在工作窗口;在"Diodes"组中选择"LED"系列,任选一个颜色的 LED,例如"LED_blue"放置在工作窗口。放置好后的窗口如图 2.20 所示。

19

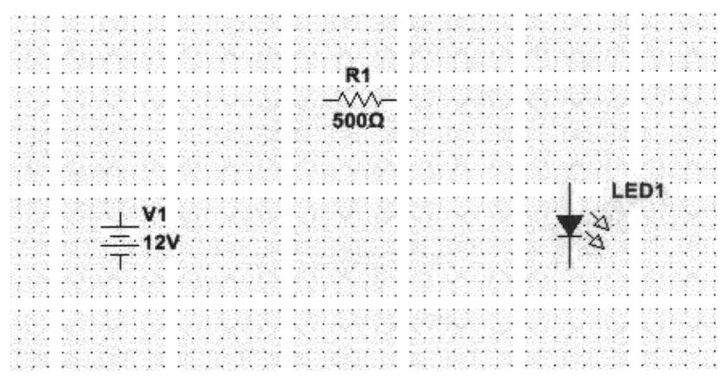

图 2.20　Multisim 14.0 放置电阻和发光二极管

这样就完成了仿真所需元件的选用,目前它们孤零零地散落在工作窗口中,此时还不能发挥什么作用,只有它们之间以某种形式连接起来形成了电路,才具有功能。接下来就把它们连接起来(当然也可以一边选用器件一边连接导线)。

可以从电池正极开始连接导线,当把鼠标移至电池正极引脚附近指针变成十字圆心时,单击就可以引出导线,连接电池正极,移动鼠标就会看到一条从电池正极发出的导线跟随鼠标移动,把鼠标移动到电阻 R1 左侧的引脚后再次单击,电池正极到电阻的连线就完成了,如图 2.21 所示。

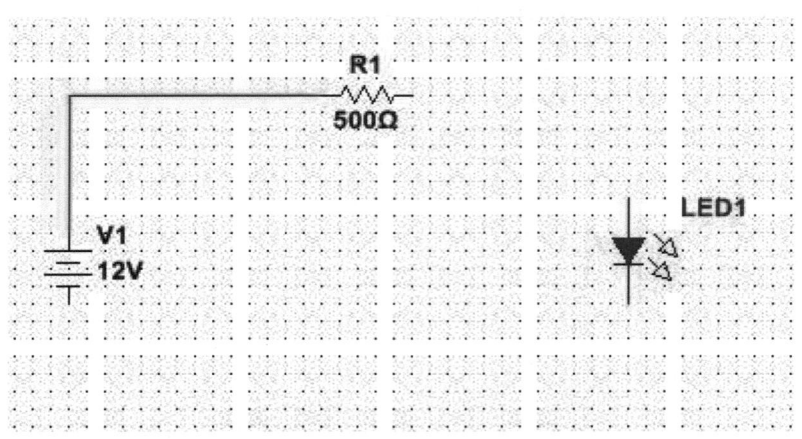

图 2.21　Multisim 14.0 元件连线

按照以上方法,将整个电路图连接完成。某些情况下,元件的摆放方向不便于接线,可以选中元件,单击鼠标右键,旋转元件到合适的方向即可。如已引出导线,要取消连线,则直接单击鼠标右键即可。若要删除已连接好的导线,鼠标单击导线,按下键盘的"Delete"键,即可删除导线。如果觉得导线不够粗,可以在空白处点击鼠标右键,在弹出的菜单中选择属性,点击"布线"栏,更改导线宽度,如图 2.22 所示。

20

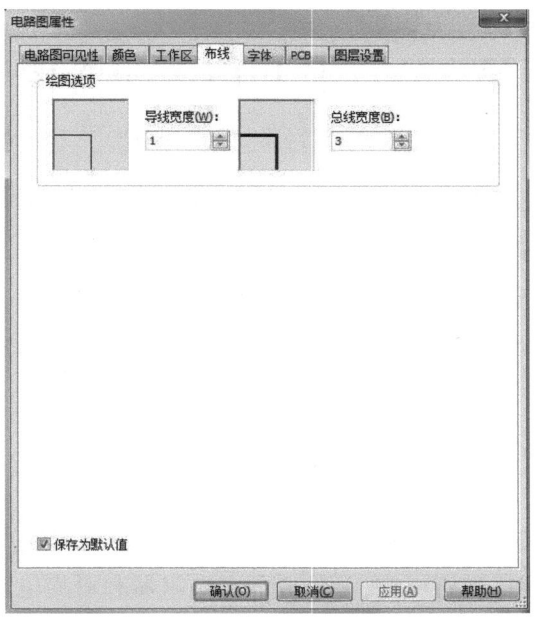

图 2.22 Multisim 14.0 导线设置

在 Multisim 仿真中,接地通常是必要的,需在"Sources"—"POWER_ SOURCES"中选择"GROUND",将其放置在电源负极处。点击仿真开始,即可看到 LED 灯芯变为实心,代表 LED 已经发光,如图 2.23 所示。如果把电池换成信号发生器的方波信号,则可看到 LED 灯闪烁。

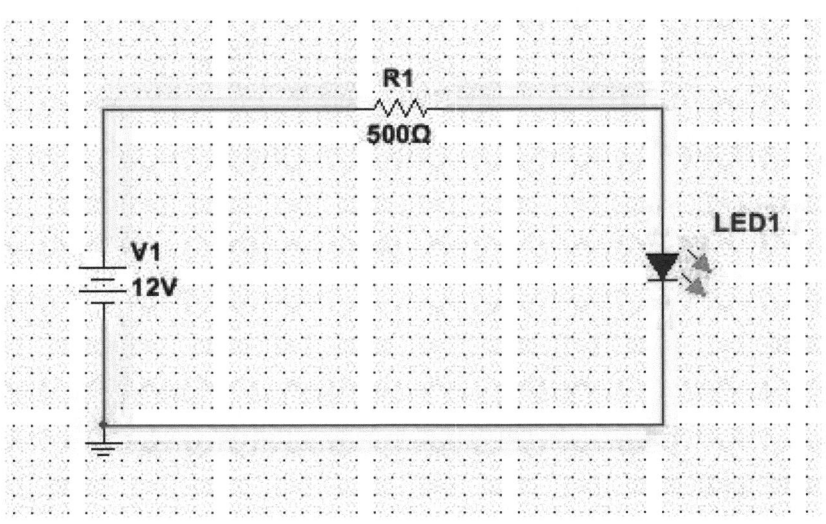

图 2.23 Multisim 14.0 放置接地

以上只是 Multisim 软件的简单使用,其他复杂的功能可以随着软件的使用逐渐学习到。

第3章　常用电子元器件

任何一个电子产品总是由许多元器件和材料组成的,它们在电路中起着不同的作用。电子产品性能的优劣,不但同电路的设计、结构、工艺和操作水平有关,而且还与识别、判别、选用元器件材料有很大的关系。因此,为了更深刻地理解电子产品的工艺过程,对这些元器件的功能、参数和使用方法也必须深入了解和熟练掌握。本章将对常用的一些电子元器件的有关知识加以介绍。

3.1　电阻器

电阻器是最常用的电子元件,据统计,一般电子产品中电阻器可达元器件总数的40%。电阻器按照使用过程中阻值是否可变,可分成固定电阻器和可变电阻器,前者通常叫作电阻器,后者通常叫作电位器。

3.1.1　电阻器的性能指标

1. 标称阻值

标称阻值是指标注于电阻阻体上的名义电阻值,其单位为欧(Ω)、千欧($k\Omega$)、兆欧($M\Omega$)。

2. 允许偏差

电阻器的实际阻值与标称阻值不一定相同,它们之间的偏差大小反映了电阻器的精度。不同的精度有一个相应的允许偏差,即标称阻值与实际阻值的相对允许误差。一般允许偏差小的电阻器,其阻值精度就高,稳定性也好,但生产要求也相应提高,成本也较高,价格也就高一些。

常见允许偏差为±0.5%(005级)、±1%(01级)、±2%(02级)、±5%(Ⅰ级)、±10%(Ⅱ级)和±20%(Ⅲ级)。

3. 额定功率

额定功率是指电阻器在环境温度为+25 ℃,长时间连续工作而不损坏,或不显著改变其性能时所允许消耗的最大功率。成品电阻器常见的额定功率有 1/8W、1/4W、1/2W、1W、2W、5W、10W、25W、50W 等。

4. 额定使用电压

额定使用电压是指电阻器长期稳定工作所能承受的电压,即长时间工作不发生过热或电击穿损坏时的电压。额定使用电压与电阻器的额定功率密切相关(即从公式 $U=\sqrt{PR}$ 来确定),同时,还必须考虑到电阻器本身的抗电强度以及工作环境的气压等因素。

3.1.2 电阻器的型号和标识方法

电阻器的阻值及精度等级一般用文字和数字印于电阻器上,也可由色点和色环表示。对于不标明等级的电阻器,一般其偏差为±20%。

1. 电阻器的直标法

电阻器的直标法是将电阻器的类别、标称阻值、允许偏差、额定功率以及其他主要参数的数值直接标在电阻器外表面上。目前,国产电阻器直标法是用文字、数字符号两者有规律地组合起来标识电阻器的标称阻值。利用文字符号标识电阻器的标称阻值实例如表3.1所示。

表3.1 用文字符号标识电阻器标称阻值实例

标称阻值	文字符号	标称阻值	文字符号
0.1 Ω	R10	332 Ω	332R
0.33 Ω	R332	1 kΩ	1K0
1 Ω	1R0	3.32 kΩ	3K32
3.32 Ω	3R32	10 kΩ	10K
10 Ω	10R	33.2 kΩ	33K2
33.2 Ω	33R2	100 kΩ	100K
100 Ω	100R	332 kΩ	332K

2. 电阻器的色标法

色标法是指用不同颜色的色环和色点表示电阻器阻值及精度的方法,如表3.2所示。色标法常见的有四色环法和五色环法。

(1) 四色环法

四色环法一般用于普通电阻器标注。四色环电阻器色环标注意义为:从左至右,第一、二位色环表示其有效值,第三位色环表示乘数,即有效值后面零的个数,第四位表示允许偏差。

例:一只电阻器第一圈为黄色(有效数字4),第二圈为紫色(有效数字7),第三圈为橙色(倍乘1 000),第四圈为银色(允许误差±10%),则该电阻为47 kΩ±10%的电阻。

(2) 五色环法

五色环法一般用于精密电阻器标注。五色环电阻器色环标注意义为:从左至右,第一、二、三位色环表示有效值,第四位色环表示乘数,第五位色环表示允许偏差。

例:一只电阻器第一圈为棕色(有效数字1),第二圈为紫色(有效数字7),第三圈为灰色(有效数字8),第四圈为金色(倍乘0.1),第五圈为棕色(允许误差±1%),则该电阻为17.8 Ω±1%的电阻。

电子工艺实习教程

表 3.2 电阻器标称阻值及精度的色标

颜色	有效数字	应乘倍数	允许偏差
黑	0	1	
棕	1	10	±1%
红	2	100	±2%
橙	3	1 000	
黄	4	10 000	
绿	5	100 000	±0.5%
蓝	6	1 000 000	±0.25%
紫	7	10 000 000	±0.1%
灰	8	100 000 000	
白	9	1 000 000 000	
金	—	0.1	±5%
银	—	0.01	±10%
无色	—	—	±20%

3.1.3 电位器

电位器是一种三端电阻,滑动端与另两端构成了一个可调的分压器。常用的电位器是旋转式的,调光灯、收音机等设备中都使用了电位器。电位器按照导电体的结构特征,可分为实芯电位器、薄膜电位器和线绕电位器。

由于传统电位器机械结构的寿命和质量问题等弊端,数字电位器应用越来越广泛。数字电位器彻底颠覆了传统电位器的结构,使用的是电子控制来改变阻值,在数字变压器的步进控制端输入脉冲信号,就能改变滑片的位置,实现阻值的调节。

1. 电位器的性能指标

电位器所用的电阻材料与相应的电阻器相同,因而各种电位器的主要性能也与相应的电阻器类似。由于电位器的阻值可变和有触点,因此还有其他一些参数。

(1) 电阻规律

电阻规律是指电位器阻值随活动触点的旋转角度变化的关系,这种关系可以是任意函数形式,常用的是直线式、指数式和对数式,分别用 X、L、D 表示,如图 3.1 所示。

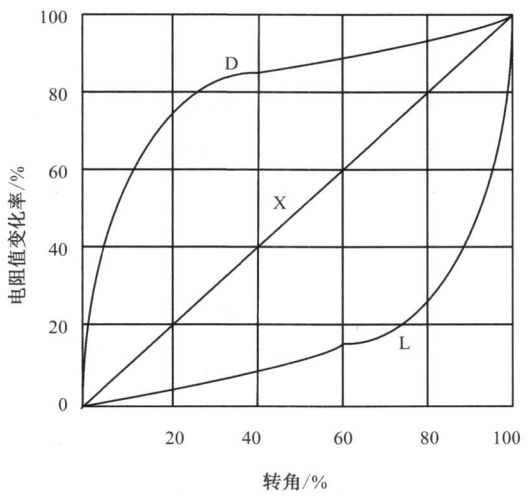

图 3.1 阻值变化特性

（2）最大阻值与最小阻值

电位器的标称阻值都是指最大阻值。最小阻值又称零位电阻，由于触点存在接触电阻，因此，最小阻值不可能是零。

除上述参数外，电位器还有符合度、线性度、分辨率、平滑性、动态噪声、绝缘电阻、旋转角度、耐磨性等参数。

2. 电位器的选用

电位器的电阻值最小时，通过的电流达到最大，电位器的额定功率应能承受这一电流。

电位器应根据用途进行选择，如：音量控制电位器应选用指数式的；用作分压器时，应选用直线式的；用作音调控制时，应选用对数式的。

3.1.4 常用电位器和电阻器

1. 常用电位器

（1）合成碳膜电位器

合成碳膜电位器的电阻体是用经过研磨的碳黑、石墨、石英等材料涂敷于基体表面而成的，该工艺简单，是目前应用最广泛的电位器。其优点是分辨率高、耐磨性好、寿命较长，缺点是电流噪声大、非线性大、耐潮性以及阻值稳定性差。

（2）有机实心电位器

有机实心电位器是一种新型电位器，是用加热塑压的方法，将有机电阻粉压在绝缘体的凹槽内。有机实心电位器与碳膜电位器相比具有耐热性好、功率大、可靠性高、耐磨性好的优点，但温度系数大、动噪声大、耐潮性能差、制造工艺复杂、阻值精度较差。有机实心电位器在小型、高可靠性、高耐磨性的电子设备以及交、直流电路中用来调节电压、电流。

（3）金属玻璃釉电位器

金属玻璃釉电位器是用丝网印刷法按照一定图形，将金属玻璃釉电阻浆料涂覆在陶瓷基体上，经高温烧结而成的。其优点是阻值范围宽，耐热性好，过载能力强，耐潮、耐磨性都很好，是很有前途的电位器品种；缺点是接触电阻和电流噪声大。

（4）线绕电位器

线绕电位器是将康铜丝或镍铬合金丝作为电阻体，并把它绕在绝缘骨架上制成的。线绕电位器的优点是接触电阻小、精度高、温度系数小，缺点是分辨率差、阻值偏低、高频特性差。它主要用作分压器、变阻器、仪器中调零和工作点等。

（5）金属膜电位器

金属膜电位器的电阻体可由合金膜、金属氧化膜、金属箔等组成。其优点是分辨率高、耐高温、温度系数小、动噪声小、平滑性好。

（6）导电塑料电位器

导电塑料电位器是用特殊工艺将 DAP（邻苯二甲酸二烯丙酯）电阻浆料覆在绝缘机体上，加热聚合成电阻膜，或将 DAP 电阻粉热塑压在绝缘基体的凹槽内形成实心体作为电阻体。其优点是平滑性好、分辨率优异、耐磨性好、寿命长、动噪声小、可靠性极高、耐化学腐蚀。它可用于宇宙装置、导弹、飞机雷达天线的伺服系统等。

（7）带开关的电位器

带开关的电位器有旋转式开关电位器、推拉式开关电位器、推推开关式电位器。

（8）预调式电位器

预调式电位器在电路中，一旦调试好，用蜡封住调节位置，一般情况下可不再调节。

（9）直滑式电位器

直滑式电位器采用直滑方式改变电阻值。

（10）双联电位器

双联电位器有异轴双联电位器和同轴双联电位器。

（11）无触点电位器

无触点电位器消除了机械接触，寿命长、可靠性高，分为光电式电位器、磁敏式电位器等。

2. 常用电阻器

（1）实心碳质电阻器

实心碳质电阻器是用碳质颗粒将导电物质、填料和黏合剂混合制成一个实体的电阻器。其优点是价格低廉，但其阻值误差、噪声电压都大，稳定性差，目前较少使用。

(2) 薄膜电阻器

薄膜电阻器是用蒸发的方法将具有一定电阻率的材料蒸镀于绝缘材料表面制成的,主要包括碳膜电阻器、金属膜电阻器、金属氧化膜电阻器及合成膜电阻器。

① 碳膜电阻器

碳膜电阻器是将结晶碳沉积在陶瓷棒骨架上制成的。碳膜电阻器成本低、性能稳定、阻值范围宽、温度系数和电压系数低,是目前应用最广泛的电阻器。

② 金属膜电阻器

金属膜电阻器是用真空蒸发的方法将合金材料蒸镀于陶瓷棒骨架表面制成的。金属膜电阻器比碳膜电阻器的精度高,稳定性好,噪声、温度系数小。其在仪器仪表及通信设备中被大量采用。

③ 金属氧化膜电阻器

金属氧化膜电阻器是在绝缘棒上沉积一层金属氧化物制成的。由于其本身即是氧化物,所以在高温条件下较稳定,耐热冲击,负载能力强。

④ 合成膜电阻器

合成膜电阻器是将导电合成物悬浮液涂敷在基体上得到的,也叫漆膜电阻器。由于其导电层呈现颗粒状结构,所以缺点是噪声大、精度低。

(3) 金属玻璃釉电阻器

金属玻璃釉电阻器是将金属粉和玻璃釉粉混合,采用丝网印刷法印在基板上制成的。其耐潮湿、高温,温度系数小,主要应用于厚膜电路。

(4) 贴片电阻器

贴片电阻器是金属玻璃釉电阻器的一种形式,其电阻体是高可靠的钌系列玻璃釉材料经过高温烧结而成的,电极采用银钯合金浆料。贴片电阻器体积小,精度高,稳定性好,由于其为片状元件,所以高频性能好。

(5) 敏感电阻器

敏感电阻器是指元件特性对温度、电压、湿度、光照、气体、磁场和压力等敏感的电阻器。敏感电阻的符号是在普通电阻的符号中加一斜线,并在旁标注敏感电阻的类型,如 T、U 等。

① 压敏电阻器

压敏电阻器是指对电压变化很敏感的非线性电阻器,主要有碳化硅和氧化锌压敏电阻,氧化锌具有更多的优良特性。当电阻器上的电压在标称值内时,电阻器上的阻值呈无穷大状态;当电压略高于标称电压时,其阻值很快下降,电阻器处于导通状态;当电压减小到标称电压以下时,其阻值又开始增加。压敏电阻器及图形符号如图3.2所示。

压敏电阻器可分为无极性(对称型)压敏电阻器和有极性(非对称型)压敏电阻器。压敏电阻器的标称电压值应是加在压敏电阻器两端电压的 2~2.5 倍,另需注意压敏电阻的温度系数。

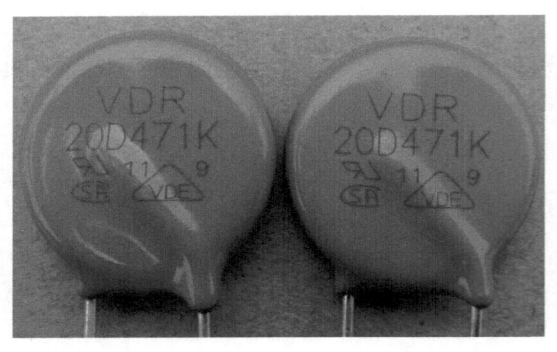
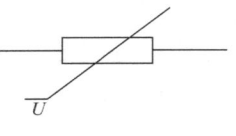

图 3.2　压敏电阻器及图形符号

② 湿敏电阻器

湿敏电阻器由感湿层、电极、绝缘体组成,湿敏电阻器主要包括氯化锂湿敏电阻器、碳湿敏电阻器、氧化物湿敏电阻器。氯化锂湿敏电阻器随湿度的上升而电阻减小,缺点为测试范围小,特性重复性不好,受温度影响大。碳湿敏电阻器缺点为低温灵敏度低,阻值受温度影响大,有老化特性,较少使用。氧化物湿敏电阻器性能较为优越,可长期使用,受温度影响小,阻值与湿度变化呈线性关系,有氧化锡、镍铁盐酸等材料。湿敏电阻器及图形符号如图 3.3 所示。

湿敏电阻器是对湿度变化非常敏感的电阻器,能在各种湿度环境中使用。湿敏电阻器是将湿度转换成电信号的换能元件,应根据型号的不同以及精度、湿度系数、响应速度、湿度量程等进行选用。

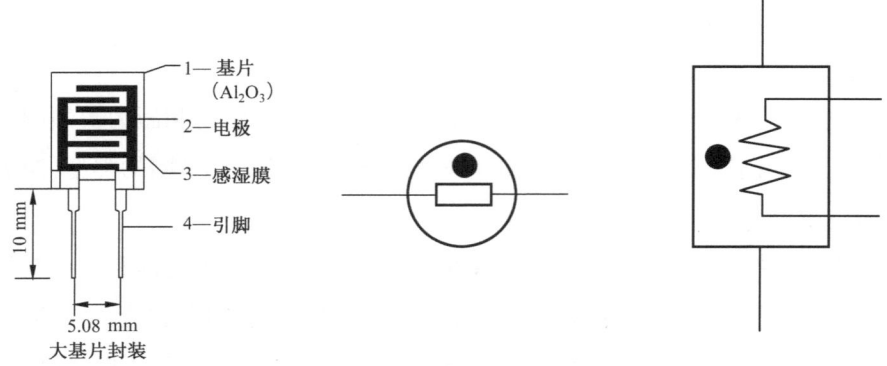

图 3.3　湿敏电阻器及图形符号

③ 光敏电阻器

光敏电阻器是电导率随着光量力的变化而变化的电子元件。当某种物质受到光照射时，载流子的浓度增加，从而电导率也增加，这就是光电导效应。光敏电阻器是阻值随着光线的强弱而发生变化的电阻器，分为可见光光敏电阻器、红外光光敏电阻器、紫外光光敏电阻器，选用时应先确定电路的光谱特性。光敏电阻器及图形符号如图 3.4 所示。

图 3.4　光敏电阻器及图形符号

④ 气敏电阻器

气敏电阻器是利用某些半导体吸收某种气体后发生氧化还原反应制成的，主要成分是金属氧化物，主要品种有金属氧化物气敏电阻器、复合氧化物气敏电阻器、陶瓷气敏电阻器等。气敏电阻器及图形符号如图 3.5 所示。

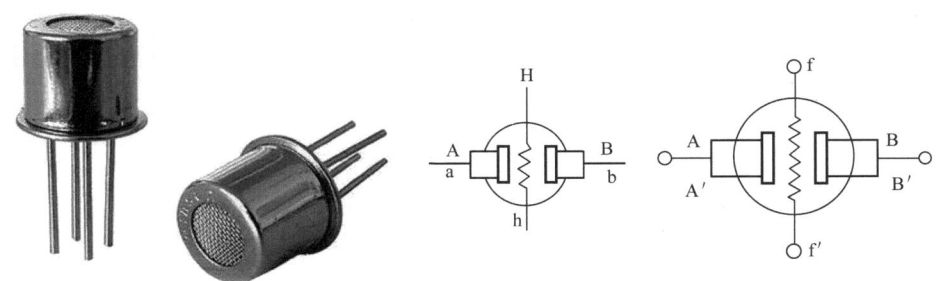

图 3.5　气敏电阻器及图形符号

⑤ 力敏电阻器

力敏电阻器是一种阻值随压力变化而变化的电阻，国外称为压电电阻器。所谓压力电阻效应，即半导体材料的电阻率随机械应力的变化而变化的效应。力敏电阻器可制成各种力矩计、半导体传声器、压力传感器等。主要品种有硅力敏电阻器、硒碲合金力敏电阻器，相对而言，合金电阻器具有更高的灵敏度。力敏电阻器及图形符号如图 3.6 所示。

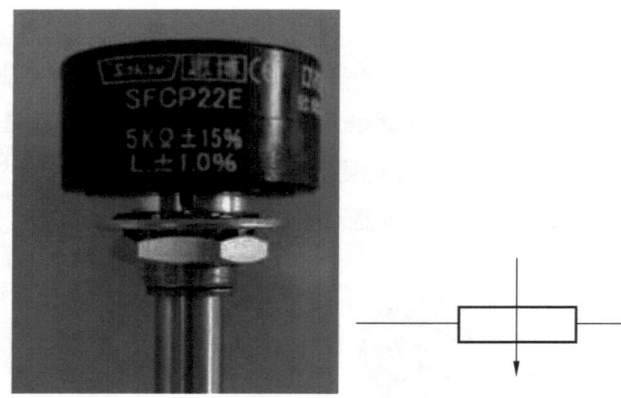

图 3.6　力敏电阻器及图形符号

⑥ 热敏电阻器

热敏电阻器是一种对温度极为敏感的电阻器,其电阻值会随着热敏电阻本体温度的变化呈现出阶跃性的变化,具有半导体特性。选用时不仅要注意其额定功率、最大工作电压、标称阻值,更要注意最高工作温度和电阻温度系数等参数,并注意阻值变化方向。

(6) 保险电阻器

保险电阻器在正常情况下具有普通电阻器的功能,一旦电路出现故障,超过其额定功率时,就会在规定时间内断开电路,从而达到保护其他元器件的目的。保险电阻器分为不可修复型和可修复型两种。

保险电阻器在电路中的文字符号用字母"RF"或"R"表示。其形状如同贴片电阻器,有的像圆柱形电阻器,主板中常见的是贴片保险电阻器,接口电路中用得最多。一般都是用在供电电路中,此电阻的特性是阻值小,只有几欧姆,超过额定电流时就会烧坏,在电路中起到保护作用。保险电阻器及图形符号如图 3.7 所示。

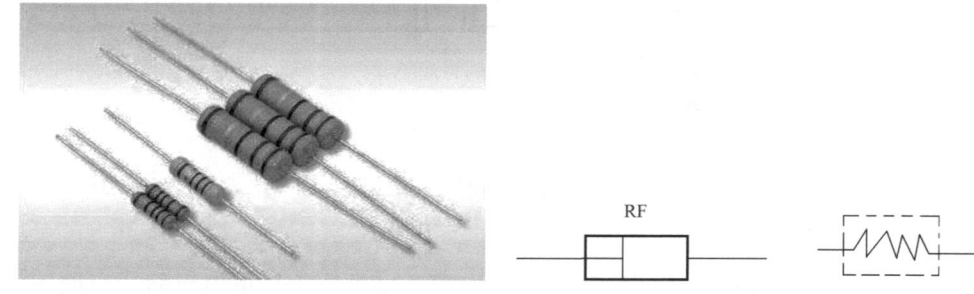

图 3.7　保险电阻器及图形符号

① 保险电阻器的功能。保险电阻器在电路中起着熔丝和电阻的双重作用,主要应用在电源电路输出和二次电源的输出电路中。一般以低阻值(几欧姆至几十欧姆)、小功率(1/8～

1 W)为多,其功能就是在过电流时及时熔断,保护电路中的其他元器件免遭损坏。在电路负载发生短路故障、出现过电流时,保险电阻器的温度在很短的时间内就会升高到500~600 ℃,这时电阻层便会受热剥落而熔断,起到保险的作用,达到提高整机安全性的目的。

② 保险电阻器的判别方法。尽管保险电阻器在电源电路中应用得比较广泛,但各国和各厂家在电路图中的标注方法却各不相同。虽然标注符号目前尚未统一,但它们却有如下共同特点:

a. 与一般电阻器的标注明显不同,这在电路图中很容易判断。

b. 一般应用于电源电路的电流容量较大或二次电源产生的低压或高压电路中。

c. 保险电阻器上面只有一个色环,色环的颜色表示阻值。

d. 在电路中,保险电阻器是长脚焊接在电路板上(一般电阻器紧贴电路板焊接),与电路板距离较远,以便于散热和区分。

③ 保险电阻器规格标准。

a. RN1/4W、10 Ω 保险电阻器,色环为黑色,功率为1/4W;当8.5 V 直流电压加在保险电阻器两端时,60 s 以内电阻增大为初始值的50 倍以上。

b. RN1/4W、2.2 Ω 保险电阻器,色环为红色,功率为1/4W;当3.5 A 电流通过时,2 s 之内电阻增大为初始值的50 倍以上。

c. RN1/4W、1 Ω 保险电阻器,色环为白色,功率为1/4W;当2.8 A 交流电流通过时,10 s 内电阻增大为初始值的400 倍以上。

(7) 线绕电阻器

线绕电阻器是用高阻合金线绕在绝缘骨架上制成的,外面涂有耐热的釉绝缘层或绝缘漆。线绕电阻器具有较低的温度系数,阻值精度高,稳定性好,耐热耐腐蚀,主要作精密大功率电阻使用,在大功率电路中用作降压或负载等。缺点是高频性能差、时间常数大、体积大、阻值较低,大多在100 kΩ 以下。

(8) 水泥电阻器

水泥电阻器采用工业高频电子陶瓷外壳,用特殊不燃性耐热水泥充填密封而成。具有耐高功率、散热容易、稳定性高等优点,并具有优良的绝缘性能,其绝缘电阻可达100 MΩ,同时具有优良的阻燃、防爆性。水泥电阻器广泛应用于计算机、电视机、仪器、仪表和音响之中。在负载短路的情况下,其可迅速在电阻丝同焊脚引线之间熔断,对电路有保护作用。额定功率一般在1W 以上。其缺点是有电感、体积大,不宜作阻值较大的电阻。

(9) 排阻

排阻又分并阻和串阻。并阻(RP)的计算方法:如471 表示470 Ω。如果一个排阻是由 n

个电阻构成的,那么它就有 n+1 只引脚,一般来说,最左边的那个是公共引脚,它在排阻上一般用一个带颜色的点标出来。串阻(RN)与并阻的区别是串阻的各个电阻彼此分离。排阻实物和串阻、并阻内部结构如图 3.8 所示。

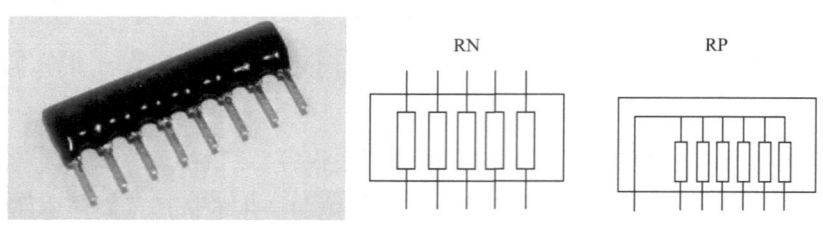

图 3.8　排阻实物和串阻、并阻内部结构图

3.1.5　电阻器选用标准

（1）正确选用电阻器的阻值和误差

阻值选用:原则是所用电阻器的标称阻值与所需电阻器阻值差值越小越好。

误差选用:RC 电路所需电阻器的误差尽量小,一般可选 5% 以内的;对于退耦电路,反馈电路、滤波电路、负载电路来说,其对误差要求不太高,可选 10%～20% 的电阻器。

（2）注意电阻器的极限参数

额定电压:当实际电压超过额定电压时,即便满足功率要求,电阻器也会被击穿损坏。

额定功率:所选电阻器的额定功率应大于实际承受功率的两倍以上才能保证电阻器在电路中长期工作的可靠性。

（3）要首选通用型电阻器

通用型电阻器种类较多、规格齐全、生产批量大,且阻值范围、外观形状、体积大小都有挑选的余地,便于采购、维修。

（4）根据电路特点选用

高频电路:分布参数越小越好,应选用金属膜电阻器、金属氧化膜电阻器等高频电阻器。

低频电路:线绕电阻器、碳膜电阻器都适用。

功率放大电路、偏置电路、取样电路:电路对稳定性要求比较高,应选温度系数小的电阻器。

退耦电路、滤波电路:对阻值变化没有严格要求,任何类型的电阻器都适用。

（5）根据电路板大小选用电阻

电路板的大小直接决定了所选用的电阻尺寸。在选择电阻时,应既满足电路板的需求又能满足电路功能的需求。

3.1.6 电阻器的检测

电阻器的检测主要是检测其阻值及其好坏。用万用表的电阻挡测量电阻的阻值,将测量值和标称值进行比较,从而判断电阻器是否出现短路、断路、老化(实际阻值与标称阻值相差较大的情况)及调节障碍(针对电位器或微调电阻)等故障现象,是否能够正常工作。

电阻器的检测方法如下:

(1) 用指针万用表判定电阻的好坏:首先选择测量挡位,再将倍率挡旋钮置于适当的挡位,一般 100 Ω 以下的电阻器可选 R×1 挡,100 Ω~1 kΩ 的电阻器可选 R×10 挡,1~10 kΩ 的电阻器可选 R×100 挡,10~100 kΩ 的电阻器可选 R×1k 挡,100 kΩ 以上的电阻器可选 R×10k 挡。

(2) 测量挡位选择确定后,对万用表电阻挡进行校零。校零的方法是:将万用表两表笔金属棒短接,观察指针有无到 0 的位置,如果不在 0 位置,调整调零旋钮表针,使其指向电阻刻度的 0 位置。

(3) 接着将万用表的两表笔分别和电阻器的两端相接,表针应指在相应的阻值刻度上,如果表针不动、指示不稳定或指示值与电阻器上的标示值相差很大,则说明该电阻器已损坏。

(4) 用数字万用表判定电阻的好坏:首先将万用表的挡位旋钮调到电阻挡的适当挡位,一般 200 Ω 以下的电阻器可选 200 Ω 挡,200 Ω~2 kΩ 的电阻器可选 2 kΩ 挡,2~20 kΩ 的电阻器可选 20 kΩ 挡,20~200 kΩ 的电阻器可选 200 kΩ 挡,以此类推。

3.2 电容器

电容器的结构非常简单,两个相互靠近的导体,中间夹一层不导电的绝缘介质,就构成了电容器。当在电容器的两个极板上加上电压时,电容器就储存电荷,所以电容器是充放电荷的电子元件。

电容器具有隔直流、通交流的作用,频率越高,阻值越小,在电子仪器中主要用作隔直流、耦合、旁路、滤波及用于谐振回路。电容器还具有储存电能的作用,可以将电能逐渐积累起来,然后向外电路输送出去,从而获得大功率的瞬时脉冲。

电容器基本分为固定电容器和可变电容器两大类。固定电容器按介质材料分,有空气(或真空)、云母、瓷介、纸介(包括金属化纸介)、薄膜(包括塑料、涤纶等)、混合介质、玻璃釉、漆膜和电解电容器等。可变电容器则有可变和半可变(包括微调电容器)之分,按介质材料又可分为空气和固体介质两种。

3.2.1 电容器的性能指标

电容器的主要参数有标称电容量、允许偏差、额定工作电压、绝缘电阻、温度系数、电容器损耗、频率特性等。

1. 标称电容量

电容器的标称电容量是指在电容器上所标注的容量,其单位有法拉(F)、毫法(mF)、微法(μF)、纳法(nF)、皮法(pF)等。它们之间的换算关系如下:

$$1 \text{ F}(法拉) = 10^3 \text{ mF}(毫法) = 10^6 \text{ μF}(微法) = 10^9 \text{ nF}(纳法) = 10^{12} \text{ pF}(皮法)$$

2. 允许偏差

允许偏差即标称电容量与实际电容量的相对允许误差。允许偏差<±1%时,用绝对偏差表示。允许偏差与其代号之间的关系如表3.3所示。

表3.3 标称电容器系列和允许偏差的组合

允许偏差				标称电容量系列
标称电容量 $C_r \geqslant 10$ pF		标称电容量 $C_r < 10$ pF		
数值	代号	数值	代号	
+100%　0%	H	—		E6
+80%　-20%	Z			
+50%　-20%	S			
±20%	M	±2 pF	G	
±10%	K	±1 pF	F	E12
±5%	J	±0.5 pF	D	
±2%	G	±0.25 pF	C	E24
±1%	F	±0.1 pF	B	

3.2.2 电容器的型号和标识方法

电容器是电子设备常用元件,为保证电子电路正常工作,电容器的参数必须满足电路要求。但是,电容器的品种、类型很多,为使用方便,我们应统一标注各类电容器的容量、允许偏差、工作电压、等级等参数。电容器常用的规格标识方法有直标法和色标法。

1. 电容器的直标法

直标法是指在电容器的表面直接标出其主要参数和技术指标的一种标识方法。直标法可以用阿拉伯数字、字母和文字符号标出。

(1) 直接用数字和字母结合标识。如100 nF用100 n标识,330 μF用330 μ标识,3 300 pF用3 300 p标识等。

(2) 用文字、数字符号两者有规律的组合来标识。如3.32 pF用3p32标识,3.3 μF用3μ3标识等。

2. 电容器的色标法

色标法是指用不同颜色的色带和色点标识出其主要参数的标识方法,有效数字一般为两位(也有三位的),单位为 pF。

3.2.3 常用电容器

一些常见电容器实物如图 3.9 所示。

铝电解电容器　　　　钽电解电容器　　　　薄膜电容器

瓷介电容器

独石电容器

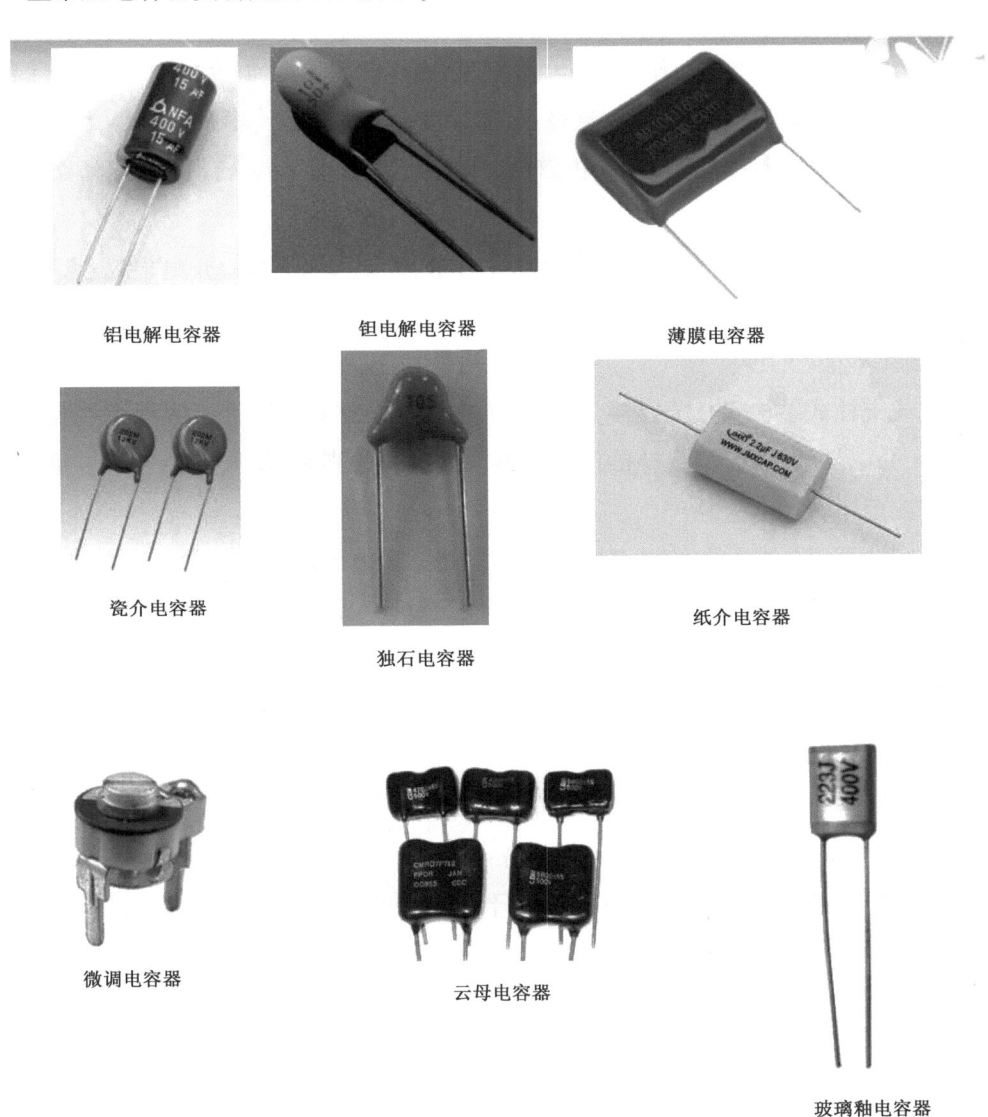

纸介电容器

微调电容器　　　　云母电容器　　　　玻璃釉电容器

图 3.9 常见电容器实物

1. 铝电解电容器

铝电解电容器是用浸有糊状电解质的吸水纸夹在两条铝箔中间卷绕而成的,是用薄的氧化膜作介质的电容器。因为氧化膜有单向导电性质,所以电解电容器具有极性,容量大,能耐受大的脉动电流,容量误差大,漏电流大;不适于在高频和低温下应用,不宜使用在 25 kHz 以上频率的低频旁路、信号耦合、电源滤波电路中。

2. 钽电解电容器

钽电解电容器用烧结的钽块作正极,电解质使用固体二氧化锰,温度特性、频率特性和可靠性均优于普通电解电容器,特别是漏电流极小,储存性良好,寿命长,容量误差小,而且体积小。其单位体积下能得到最大的电容电压乘积,对脉动电流的耐受能力差,若损坏易呈短路状态。

3. 薄膜电容器

薄膜电容器用聚酯、聚苯乙烯等低损耗塑材作介质,频率特性好,介电损耗小,不能做成大的容量,耐热能力差,适用于滤波器、积分、振荡、定时电路。

4. 瓷介电容器

穿心式或支柱式结构瓷介电容器,它的一个电极安装螺钉。瓷介电容器引线电感极小,频率特性好,介电损耗小,有温度补偿作用。不能做成大的容量,受震动会引起容量变化,特别适用于高频旁路。

瓷介电容器用高介电常数的电容器陶瓷(钛酸钡-氧化钛)挤压成圆管、圆片或圆盘作为介质,并用烧渗法将银镀在陶瓷上作为电极制成,分为高频瓷介电容器和低频瓷介电容器两种。高频瓷介电容器适用于高频电路。它是一种具有小的正电容温度系数的电容器,用于高稳定振荡回路中,作为回路电容器及垫整电容器。低频瓷介电容器限于在工作频率较低的回路中作旁路或隔直流用,或对稳定性和损耗要求不高的场合(包括高频在内)。这种电容器不宜使用在脉冲电路中,因为它们易于被脉冲电压击穿。

5. 独石电容器

独石电容器又称多层陶瓷电容器,是在若干片陶瓷薄膜坯上覆以电极浆材料,叠合后一次烧结成一块不可分割的整体,外面再用树脂包封,形成小体积、大容量、高可靠和耐高温的新型电容器。高介电常数的低频独石电容器具有稳定的性能,体积极小,Q 值高,容量大,广泛应用于精密仪器中,在各种电子设备中作旁路、滤波器、积分和振荡电路。

6. 纸介电容器

纸介电容器一般用两条铝箔作为电极,中间以厚度为 0.008~0.012 mm 的电容器纸隔开重叠卷绕而成。制造工艺简单,价格便宜,能得到较大的电容量。

纸介电容器一般用在低频电路,通常不能在高于 3~4 MHz 频率的电路上使用。油浸电容器的耐压比普通纸介电容器高,稳定性也好,适用于高压电路。

7. 微调电容器

微调电容器的电容量可在某一小范围内调整,并可在调整后固定于某个电容值。瓷介微调电容器的 Q 值高,体积也小,通常可分为圆管式及圆片式两种。线绕瓷介微调电容器是通过拆铜丝(外电极)来改变电容量的,故容量只能变小,不适合在需反复调试的场合使用。

8. 云母电容器

云母电容器可分为箔片式及被银式。被银式云母电容器的电极为直接在云母片上用真空蒸发法或烧渗法镀上银层而成的,由于消除了空气间隙,温度系数大为下降,电容稳定性也比箔片式云母电容器高。云母电容器频率特性好,Q 值高,温度系数小,不能做成大的容量,广泛应用在高频电器中,并可用作标准电容器。

9. 玻璃釉电容器

玻璃釉电容器由一种浓度适于喷涂的特殊混合物喷涂成薄膜而成,介质以银层电极经烧结而成"独石"结构,性能可与云母电容器媲美,能耐受各种气候环境,一般可在 200 ℃或更高温度下工作,额定工作电压可达 500 V,损耗 $\tan \delta = 0.0005 \sim 0.008$。

3.3 电感器

3.3.1 电感器的性能指标

1. 标称电感量

电感量是表述载流线圈中磁通量大小与电流关系的物理量。电感量的基本单位是亨利,简称亨(H)。常用的单位有毫亨(mH)、微亨(μH)和纳亨(nH)。其换算关系为:

$$1 \text{ H} = 10^3 \text{ mH} = 10^6 \text{ μH} = 10^9 \text{ nH}$$

电感量的大小与电感线圈匝数、直径、绕制方法、磁芯的有无及磁芯介质材料有关。线圈圈数越多,绕制的线圈越密集,电感量越大;线圈内有磁芯的比无磁芯的电感量大;磁芯磁导率越大的电感量越大。

2. 品质因数(Q 值)

电感线圈的品质因数是衡量线圈质量的重要参数。储存能量与消耗能量的比值称为品质因数,具体表现为线圈的感抗与线圈的损耗电阻的比值。品质因数用字母 Q 表示。Q 值的大小与导线的直流电阻、骨架的介质损耗、屏蔽罩或铁芯引起的损耗等影响因素有关。Q 值越大,线圈的损耗就越小,反之损耗就越大,通常 Q 值为几十到几百。

3. 分布电容

线圈的匝与匝之间存在电容,线圈与地、线圈与屏蔽之间也存在电容,这些电容称为线圈的分布电容。分布电容的存在,降低了线圈的稳定性。

4. 线圈的标称电流值

电感线圈在正常工作时允许通过的最大电流就是线圈的标称电流值,也叫额定电流值。若工作电流大于额定电流,线圈就会发热而改变原有参数,甚至烧毁。

与电容器相比,电感器具有通直流和隔交流的作用,频率越高,阻值越大,在电子仪器中主要用作滤波及谐振回路。

3.3.2 电感线圈的标识方法

为了便于生产和使用,常将小型固定电感线圈的主要参数标在其外壳上,标识方法有直标法和色标法两种。

1. 直标法

直标法指的是在小型固定电感线圈外壳上直接用文字标出电感线圈的标称电感量、允许偏差和最大直流工作电流等主要参数。其中,最大工作电流常用字母 A(50 mA)、B(150 mA)、C(300 mA)、D(700 mA)、E(1 600 mA)等标识。

2. 色标法

色标法指的是在小型固定电感线圈的外壳涂上各种不同颜色的环,用来表明其主要参数。第一条色环表示电感量的第一位有效数字,第二条色环表示电感量的第二位有效数字,第三条色环表示十进倍乘,第四条色环表示允许偏差。数字与颜色的对应关系与色环电阻器标识法相同,可参阅电阻器色标法。

3.4 半导体器件

半导体器件诞生于 20 世纪 50 年代,具有功能多、体积小、重量轻、坚固耐用、成本低廉和省电等优点,是目前电子产品中运用最广泛的电子器件。半导体器件包括二极管、三极管及半导体特殊器件。

半导体的分类方法有很多:按半导体材料可分为锗管和硅管;按制造工艺、结构可分为点接触型、面接触型、平面型,以及三重扩散(TB)、多层外延(ME)、金属半导体(MS)等类型;按封装则有金属封装、陶瓷封装、塑料封装及玻璃封装。

通常,二极管以应用领域分类,三极管以功率、频率分类,晶闸管以特性分类,而场效应管则以结构特点分类。

半导体二极管是由一个 PN 结加上两个电极引线及管壳构成的。二极管有两个电极,接 P 型区的引线为正极,接 N 型区的引线为负极;二极管电路符号倒三角一端为正极,短线一端为负极。二极管有单向导电性,通过二极管的电流只能沿一个方向流动。二极管只有在所加电压达到某一定值后才能导通,这个电压叫起始导通电压,锗二极管的起始导通电压约为 0.2 V,硅二极管的导通电压约为 0.7 V。

二极管的种类很多,其分类方法也多种多样:按制造工艺分类,有点接触型二极管、面接触型二极管;按材料分类,有锗二极管、硅二极管、砷化镓二极管等;根据用途不同,可分为整流二极管、检波二极管、开关二极管、阻尼二极管、变容二极管、发光二极管、光电二极管、隧道二极管及硅堆等。

利用二极管的单向导电性,可以用万用表测其正反向电阻,以判定它的好坏。测试的方法是将万用表置于 R×100 挡或 R×1k 挡,测二极管的电阻,然后将红表笔和黑表笔倒换一下再测。若两次测得的电阻值一大一小,且大的那一次趋于无穷大,就可断定这个二极管是良好的。同时还可以判断二极管的正负极,即当测得的阻值较小时,黑表笔接的一端为二极管的正极。用万用表同样可以确定二极管的材质,即万用表的红表笔接二极管负极,黑表笔接二极管正极,如果被测二极管阻值在 1 kΩ 左右,则说明是锗管;如果阻值为 4~8 kΩ,则说明为硅管。

3.4.1 二极管的单向导电性

二极管是具有单向导电性的器件,这一特性可以通过仿真软件 Multisim 来观察到。

图 3.10 中,电流从电池正极出发,经限流电阻 R1 后进入二极管 D1 的正极,并从负极流出后经过电流表(电流表为理想电流表,电阻极小),回到电池负极,这符合二极管单向导电的要求——电流从正极流向负极,所以电路中有电流出现,其大小为 104.4 mA,此时称二极管获得正向偏置(forward bias),有正向电流(forward current)流过。

图 3.11 中,二极管 D2 极性与图 3.10 对调,电流无法从它的负极流到正极,电路中几乎没有电流形成,所以电流表读数只有 32 nA,此时称二极管为反向偏置(reverse bias)。

从电流表的读数知道:正向偏置时,电路里的电流远超反向偏置时的电流,说明二极管正向偏置时导通,电路中有电流形成;而反向偏置时截止,电路的电流极小而一般忽略为无电流流过。因此,可以确定二极管是一个具有单向导电特性的器件。

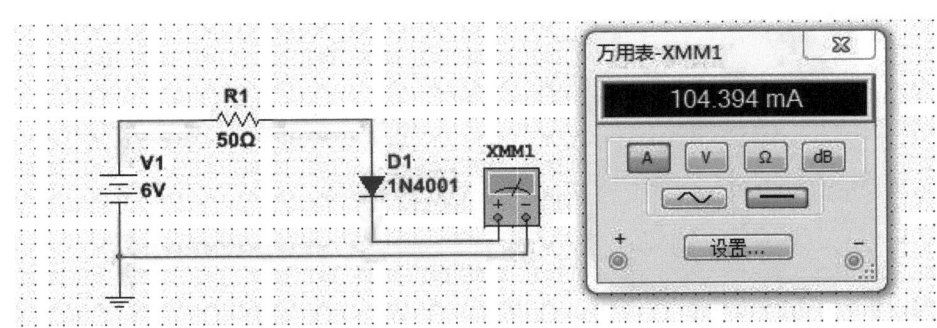

图 3.10 二极管单向导电性(二极管正向偏置)

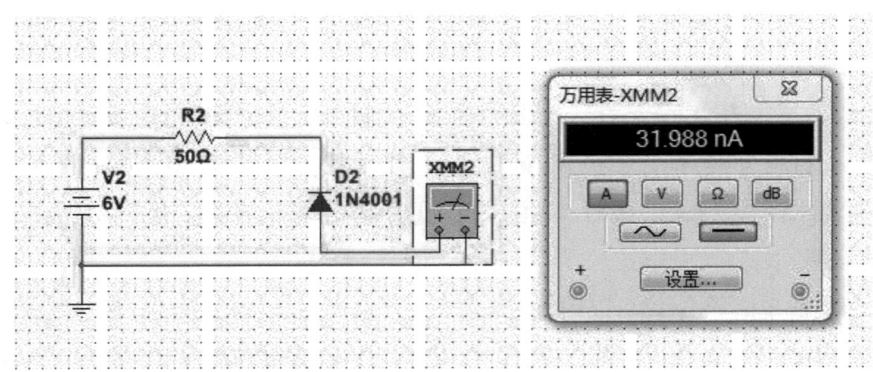

图 3.11　二极管单向导电性(二极管反向偏置)

3.4.2　二极管的伏安特性

通过上述内容可以知道,硅管和锗管的导通电压分别为 0.7 V 和 0.2 V,这个指标在电路设计中非常关键。如果能知道二极管导通时的正向电流有多大那就更好了,这一参数可以通过二极管的伏安特性曲线得到,每个型号的二极管都有各自对应的伏安特性曲线,这是一个经常涉及的二极管的重要参数。

通过图 3.12 可以看到,当二极管正向偏置时,最初的正向电流非常小,接近于 0,直到正向电压高于 0.2 V(锗管)或 0.6 V(硅管)之后,正向电压的很小变化都会造成正向电流的急剧变化。

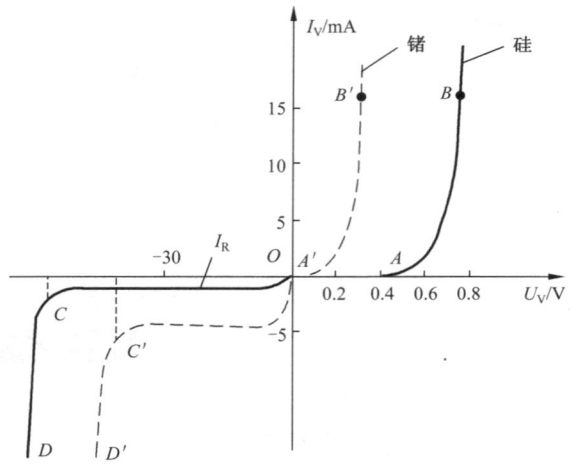

图 3.12　硅管和锗管伏安特性

当二极管反向偏置时,反向电流极小(纵坐标轴在正向偏置和反向偏置时单位不同),几乎可以忽略不计,即使反向电压增大,反向电流的变化也不明显,直到反向电压增大到把二极管击穿之后,二极管受到破坏,反向电流才会增大。

图 3.12 是对硅管和锗管伏安特性的一般化描述,针对不同型号的二极管,还需查阅相应的技术手册,确定其准确的伏安特性曲线。

以常见的整流二极管 1N4001 为例,其参数手册如图 3.13—图 3.15 所示。图 3.13 标注了该技术文档对应的二极管型号为 1N4001—1N4007,说明这七种二极管特性相似,只有某些参数有所不同,因此共用一个技术文档。区域 A 标注了该类二极管的特性,区域 B 标注了该类二极管的机械数据,区域 C 标注了该类二极管的尺寸参数。图 3.14 是该类二极管的极限特性,可以看出,1N4001—1N4007 二极管在最大反向电压这一参数上有所不同。图 3.15 是该类二极管的伏安特性曲线,可以看出,当二极管两端电压超过 0.7 V 后,正向电流迅速升高。

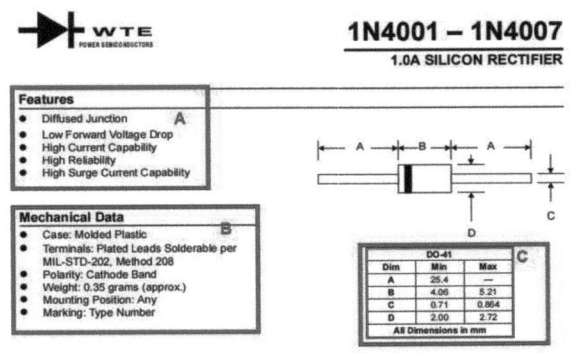

图 3.13　1N4001—1N4007 数据文档

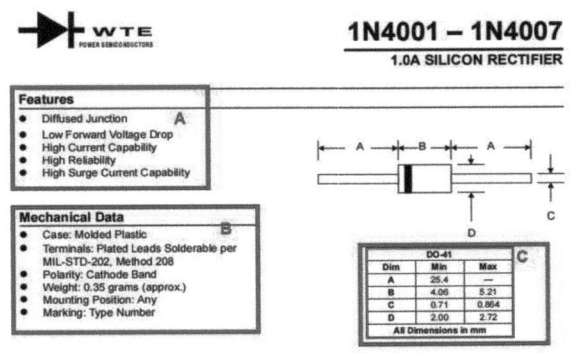

图 3.14　1N4001—1N4007 参数

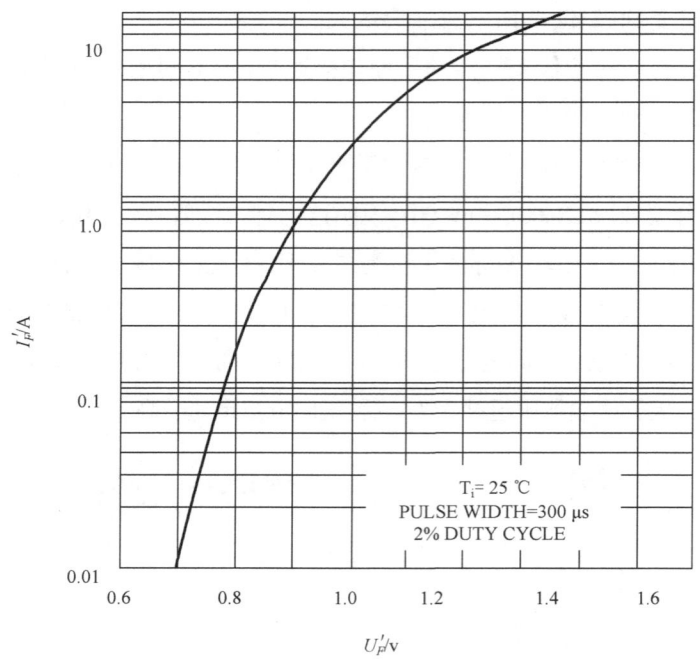

图 3.15　1N4001—1N4007 二极管伏安特性曲线

3.4.3　常见二极管

1. 整流二极管

整流二极管多用硅半导体材料制成,有金属封装和塑料封装两种。整流二极管是利用 PN 结的单向导电性把交流电变成脉动直流电。

2. 检波二极管

检波的作用是把调制在高频电磁波的低频信号检出来。检波二极管要求结电容小、反向电流小,所以检波二极管常采用点接触二极管。

3. 光敏二极管

光敏二极管是利用 PN 结在施加反向电压时,在光线照射下反向电阻由大到小的原理进行工作的。无光照射时,二极管的反向电流很小;有光照射时,二极管的反向电流很大。光敏二极管不是对所有的可见光及不可见光都有相同的反应,它是有特定的光谱范围的。2DU 是利用半导体硅材料制成的光敏二极管,2AU 是利用半导体锗材料制成的光敏二极管。

4. 稳压二极管

稳压二极管是一种齐纳二极管,它是利用二极管反向击穿时,其两端电压固定在某一数值,而基本上不随电流大小变化的特性来进行工作的。稳压二极管的正向特性与普通二极管相似,当反向电压小于击穿电压时,反向电流很小;当反向电压临近击穿电压时,反向电流急剧增大,发生电击穿。当电流在很大范围内改变时,管子两端的电压基本保持不变,起到稳定电压的作用。必须注意的是,稳压二极管在电路上应用时一定要串联限流电阻,不能让二极管击穿后电流无限增大,否则二极管将立即被烧毁。

5. 变容二极管

变容二极管是利用PN结的空间电荷层具有电容特性的原理制成的特殊二极管。它的特点是结电容随加到管子上的反向电压的变化而变化。在一定范围内,反向偏压越小,结电容越大;反之,反向偏压越大,结电容越小。人们利用变容二极管的这种特性取代可变电容器的功能。变容二极管多采用硅或砷化镓材料制成,采用陶瓷或环氧树脂封装。变容二极管在电视机、收音机和录像机中多用于调谐电路和自动频率微调电路中。

6. 发光二极管(LED)

发光二极管,简称为LED,是一种常用的发光器件,通过电子与空穴复合释放能量发光。它在照明领域应用广泛,如汽车信号灯、交通信号灯、室外全色大型显示屏以及特殊的照明光源。

3.4.4 三极管

三极管是一种用于放大或者开关电信号的半导体器件。在电子电路中,三极管随处可见,特别是各种集成电路中,其基本单元都是三极管。三极管根据内部结构的不同分为NPN型和PNP型两大类。如图3.16所示,三极管有三个引脚,分别是基极(B)、集电极(C)和发射极(E)。

图 3.16 三极管

三极管的三个引脚在使用时不能混用,否则电路无法正常工作,严重的会烧毁三极管或其他电路元件。常见的三极管封装形式如图3.17所示,如遇到陌生三极管而不确定引脚极性,可用以下方法判别:

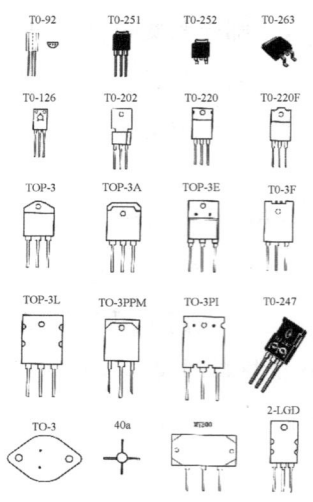

图 3.17　常见的三极管封装形式

(1) 查找该三极管的技术文档。在技术文档第一页一般就有关于其封装、引脚判别的描述。例如,实验室常用到的 S9014 型号三极管,其技术文档如图 3.18 所示,可以看到该管是一个 NPN 型三极管,如面对该器件,其引脚从左到右依次是 E 极、B 极、C 极。

JCST

JIANGSU CHANGJIANG ELECTRONICS TECHNOLOGY CO., LTD

TO-92 Plastic-Encapsulate Transistors

S9014　TRANSISTOR (NPN)

FEATURES
- High Total Power Dissipation.(P_C=0.45W)
- High h_{FE} and Good Linearity
- Complementary to S9015

TO-92
1. EMITTER
2. BASE
3. COLLECTOR

MAXIMUM RATINGS (T_a=25℃ unless otherwise noted)

Symbol	Parameter	Value	Unit
V_{CBO}	Collector-Base Voltage	50	V
V_{CEO}	Collector-Emitter Voltage	45	V
V_{EBO}	Emitter-Base Voltage	5	V
I_C	Collector Current -Continuous	0.1	A
P_C	Collector Power Dissipation	0.45	W
T_J	Junction Temperature	150	℃
T_{stg}	Storage Temperature	-55-150	℃

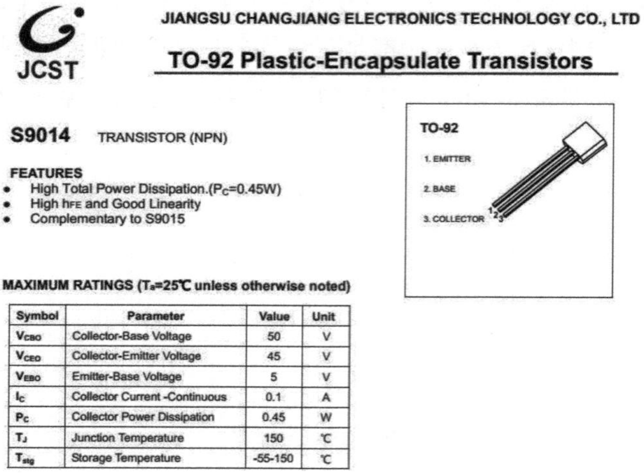

图 3.18　三极管 S9014 技术文档

(2) 用万用表测。一般的数字万用表都有三极管直流放大倍数 H_{PE} 的测量挡——直流放大倍数。直流放大倍数 H_{PE} 衡量的是三极管对电流的放大能力,H_{PE} 的值一般都在 10 以上,绝大多数三极管的直流放大倍数 H_{PE} 在 100～1 000 区间内。在数字万用表上有一个 NPN/PNP 三极管插座,上面标有 C、B、E,如果 NPN 或 PNP 三极管的 C 极、B 极、E 极引脚正确插入对应的插孔中,万用表就会显示一个 100～1 000 的读数,此时插座所标的 C、B、E 孔对

应所插三极管的 C 极、B 极、E 极;如果读数不对,则可调整三极管引脚再插入,直到得到正确读数为止。

3.4.5 场效应晶体管

场效应晶体管(field-effect transistor,FET)是一种通过电场效应控制电流的电子器件。它依靠电场去控制导电沟道形状,因此能控制半导体材料中某种类型载流子的沟道的导电性。场效应晶体管属于电压控制型半导体器件,具有输入电阻高($10^8 \sim 10^9 \Omega$)、噪声小、功耗低、动态范围大、易于集成、没有二次击穿现象、安全工作区域宽等优点。场效应晶体管也具有三个电极,分别是栅极(G)、漏极(D)、源极(S)。

场效应晶体管是电场效应控制电流大小的单极型半导体器件。在其输入端基本不取电流或电流极小,具有输入阻抗高、噪声小、热稳定性好、制造工艺简单等优点,在大规模和超大规模集成电路中被广泛应用。

其主要用途概况如下:

(1) 场效应晶体管可应用于放大电路。由于场效应晶体管放大器的输入阻抗很高,因此耦合电容的容量较小,不必使用电解电容器。

(2) 场效应晶体管具有较高的输入阻抗,非常适合作阻抗变换。常用于多级放大器的输入级作阻抗变换。

(3) 场效应晶体管可以用作可变电阻。

(4) 场效应晶体管可以用作恒流源。

(5) 场效应晶体管可以用作电子开关。

3.4.6 场效应晶体管和三极管的主要区别

场效应晶体管与三极管的主要区别有以下几点:

(1) 场效应晶体管的源极(S)、栅极(G)、漏极(D)分别对应于三极管的发射极(E)、基极(B)、集电极(C),它们的作用相似。

(2) 场效应晶体管是电压控制电流器件,由 U_{GS} 控制 I_D,其放大系数 G_m 一般较小,因此场效应晶体管的放大能力较差;三极管是电流控制电流器件,由 I_B(或 I_E)控制 I_C。

(3) 场效应晶体管栅极几乎不取电流,而三极管工作时基极总要吸取一定的电流,因此场效应晶体管的输入电阻比三极管的输入电阻高。

(4) 场效应晶体管只有多子参与导电,三极管有多子和少子两种载流子参与导电,而少子浓度受温度、辐射等因素影响较大,因而场效应晶体管比三极管的温度稳定性好、抗辐射能力强。在环境条件(温度等)变化很大的情况下应选用场效应晶体管。

（5）场效应晶体管在源极与衬底连在一起时，源极和漏极可以互换使用，且特性变化不大；而三极管的集电极与发射极互换使用时，其特性差异很大，交流放大倍数将减小很多。

（6）场效应晶体管的噪声系数很小，在低噪声放大电路的输入级及要求信噪比较高的电路中要选用场效应晶体管。

（7）场效应晶体管和三极管均可组成各种放大电路和开路电路，但由于前者制造工艺简单，且具有耗电少、热稳定性好、工作电源电压范围宽等优点，因而被广泛用于大规模和超大规模集成电路中。

（8）三极管导通电阻大，场效应晶体管导通电阻小，只有几百毫欧姆，在现在的用电器件上，一般都用场效应晶体管作开关来用，它的效率是比较高的。

第4章 电子产品焊接工艺

在电子产品的装配过程中,焊接是一种主要的连接方法,是一项重要的基础工艺技术,也是一种基本的操作技能。在电子产品制造过程中的每个阶段,都要考虑和处理与焊接有关的问题。本章主要介绍焊接的基本知识以及锡铅焊接的方法、操作步骤与要求等。

4.1 焊接的基本知识

焊接是金属连接的一种方法。它利用加热等手段,在两种金属的接触面,通过焊接材料的原子或分子的相互扩散作用,使两金属间形成一种永久的牢固结合。利用焊接的方法进行连接而形成的接点称为焊点。

1. 焊接的分类

焊接通常分为熔焊、钎焊和接触焊三大类。

熔焊:利用加热被焊件,使其熔化产生合金而焊接在一起的焊接技术。如气焊、电弧焊、超声波焊等。

钎焊:用加热熔化成液态的金属,把固体金属连接在一起的方法。在钎焊中起连接作用的金属材料称为焊料。作为焊料的金属,其熔点低于被焊接的金属材料。钎焊按焊料熔点的不同可分为硬焊(焊料熔点高于450 ℃)和软焊(焊料熔点低于450 ℃)。

接触焊:一种不用焊料与焊剂即可获得可靠连接的焊接技术。如点焊、碰焊等。

2. 焊接的方法

随着焊接技术的不断发展,焊接方法也在手工焊接的基础上出现了自动焊接技术,即机器焊接,同时无锡焊接(如压接、绕接等)也开始在电子产品装配中使用。

(1) 手工焊接

手工焊接是采用手工操作的传统焊接方法。根据焊接前接点的不同,手工焊接有绕焊、钩焊、搭焊、插焊等不同方式。

(2) 机器焊接

机器焊接根据工艺方法的不同可分为浸焊、波峰焊和再流焊。

浸焊:将装好元器件的印制板在熔化的锡锅内浸锡,一次完成印制板上全部焊接点的焊接。浸焊主要用于小型印制板电路的焊接。

波峰焊:利用波峰焊机一次完成印制板上全部焊接点的焊接,目前已成为印制板焊接的主要方法。

再流焊:利用焊膏将元器件粘在印制板上,加热印制板后使焊膏中的焊料熔化,一次完成全部焊接点的焊接,目前主要应用于表面安装的片状元件焊接。

4.2 焊料与焊剂

在电子工业生产中,使用的焊料绝大多数是锡铅焊料,俗称焊锡。焊料中的主要成分是锡和铅,另外还含有一定量熔点比较低的其他金属,如锌、锑、铜、铋、铁、镍等,它们在不同程度上影响着焊料的性能。

焊剂又称助焊剂,与焊料不同,它主要用来增加润湿,帮助和加速焊接,因而被广泛应用。采用助焊剂的优点是:提高焊接质量,保护电路板及铜箔不受损伤。

助焊剂的作用包括以下三点:

(1) 去除氧化物。助焊剂能溶解并去除金属表面的氧化物和其他污物。

(2) 防止焊锡在加热过程中氧化。焊接过程中焊锡必须加热,而所有金属在加热过程中都会被氧化,助焊剂能在加热时包围金属表面,使金属与空气隔绝,防止因焊接加热而引起氧化。

(3) 降低焊锡的表面张力,有助于焊锡的润湿。

4.3 手工焊接技术

手工焊接是焊接技术的基础,也是电子产品装配过程中的一项基本操作技能。手工焊接适用于小批量生产的小型化产品、一般结构的电子整机产品、具有特殊要求的高可靠产品、某些不便于机器焊接的场合以及调试和维修过程中修复焊点和更换元器件等。

4.3.1 焊接工具

1. 电烙铁

电烙铁是手工焊接的基本工具,其作用是加热焊料和被焊金属,使熔融的焊料润湿被焊金属表面并生成合金。随着焊接的需要和发展,电烙铁的种类也不断增多。电烙铁有外热式、内热式、恒温、吸锡电烙铁等多种类型。

外热式电烙铁是应用广泛的电烙铁,由于烙铁头安装在烙铁芯里面,故称为外热式电烙铁(见图4.1)。一般有20 W、25 W、30 W、50 W、75 W、100 W、150 W、300 W等多种规格。功率越大,烙铁的热量越大,烙铁头的温度越高。焊接印制电路板时,一般使用25 W电烙铁。如果使用的烙铁功率过大,温度太高,则容易烫坏元器件或使印制电路板的铜箔脱落;如果电烙铁的功率太小,温度过低,则焊锡不能充分熔化,会造成焊点的不光滑、不牢固。因此,电烙

第 4 章　电子产品焊接工艺

铁的功率应根据不同的焊接对象合理选用。

内热式电烙铁的加热元件安装在电烙铁里面,由内向外加热,故称为内热式电烙铁(见图 4.1)。内热式电烙铁的特点是体积小、重量轻、升温快、省电、热效率高,但烙铁芯的镍铬电阻丝较细,很容易烧断。内热式电烙铁的规格有 20 W、30 W、50 W 等,主要用于印制电路板的焊接,是手工焊接半导体器件的理想工具。

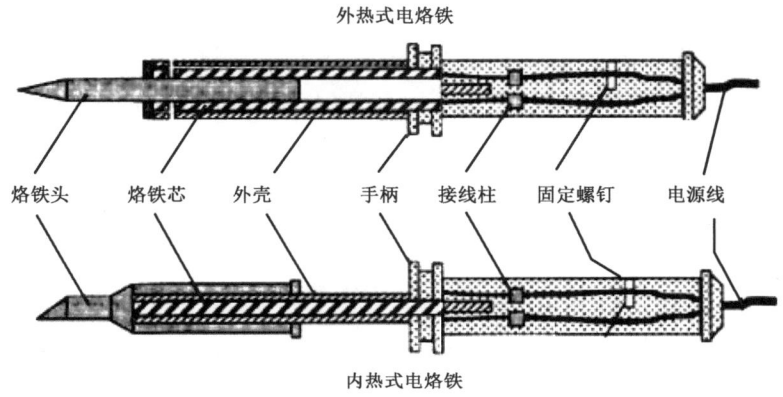

图 4.1　外热式电烙铁和内热式电烙铁结构

2. 烙铁头

烙铁头为电烙铁的配套产品,其为一体合成。烙铁头、烙铁嘴、焊嘴同为一种产品,是电烙铁、电焊台的配套产品,主要材料为铜,属于易耗品。焊接时选择合适的烙铁头有助于提高焊接效率。图 4.2 为不同的烙铁头。

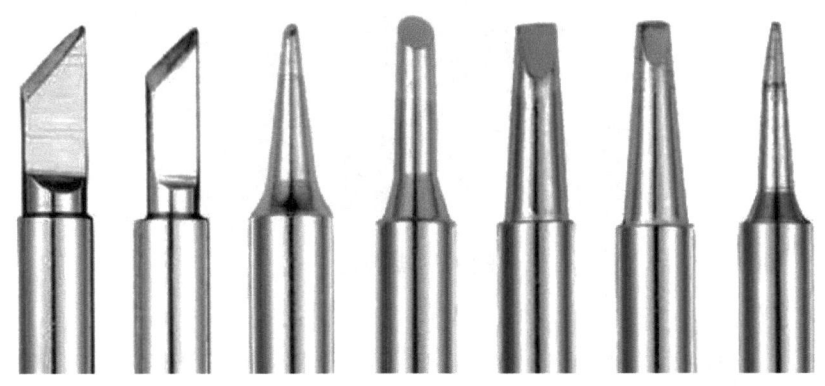

图 4.2　不同的烙铁头

烙铁头焊锡的角度不同,对焊点的影响也就不同。常见烙铁头特点如下:

(1) I 型(尖端幼细)特点:烙铁头尖端细小。适用于精细焊接,或焊接空间狭小的情况。可以修正焊接芯片时产生的锡桥。

49

(2) B 型/LB 型(圆锥形)特点:B 型烙铁头无方向性,整个烙铁头前端均可进行焊接。LB 型是 B 型的一种,形状修长,能在焊点周围有较高深的元件或焊接空间狭窄的焊接环境中灵活操作。适合一般焊接,无论焊点大小,都可使用 B 型烙铁头。

(3) D 型/LD 型(一字批嘴形)特点:用批嘴部分进行焊接。适用于需要多锡量的焊接,例如焊接面积大、粗端子、焊垫大的焊接环境。

(4) C 型/CF 型(斜切圆柱形)特点:CF 型烙铁头只有斜面部分有镀锡层,焊接时只有斜面部分才能沾锡,因此沾锡量与 C 型烙铁头有所不同,应视焊接需要选择。0.5C、1C/CF、1.5CF 等烙铁头非常精细,适用于焊接细小元件,或修正表面焊接时所产生的锡桥、锡柱等。如果焊接只需少量焊锡的话,使用只在斜面有镀锡的 CF 型烙铁头比较合适。2C/2CF、3C/3CF 型烙铁头适用于焊接电阻、二极管之类的元器件。

(5) K 型(刀口形)特点:使用刀形部分焊接,竖立式或拉焊式焊接均可,属于多用途烙铁头。

(6) H 型特点:镀锡层在烙铁头的底部。适用于拉焊式焊接齿距较大的 SOP、QFP。

3. 热风枪

热风枪又称贴片电子元器件拆焊台,它专门用于表面贴片安装电子元器件的焊接和拆卸(见图 4.3)。

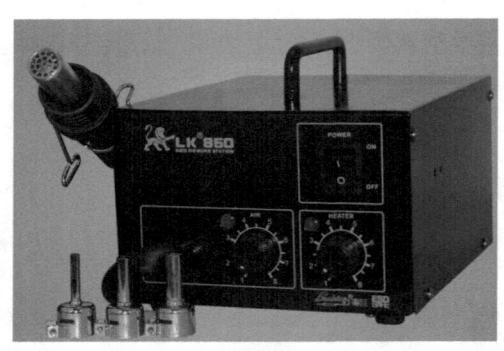

图 4.3 热风枪

4. 电烙铁保养

每次使用完电烙铁,均应对烙铁头进行清洁,最好使用专用的清洁海绵。清洁海绵一般放在烙铁架上的小盒中。用完电烙铁后,用清洁海绵擦一擦,可去除烙铁头上的助焊剂和旧锡。清洁完成后,在烙铁头上涂一点锡,以防止烙铁头氧化。如果电烙铁上已出现氧化物且不上锡,可以用小刀把烙铁头上的氧化层刮掉,然后用清洁海绵反复擦洗,待完全露出本来颜色后,迅速涂锡,使烙铁头上包有一层锡,可以防止再次氧化。对所焊接的元器件来说,应适当调整温度,避免长时间使用高温加热。高温最容易使烙铁头发生氧化,在不是必须使用高温时,必须要把温度降下来。电烙铁只能用来焊锡,千万不能烙塑料和其他材质的东西,当电烙铁的烙头出现糊头时,一般是很难清除干净的,这个电烙铁基本上也就不能用了。

4.3.2 手工焊接技术

在电子产品的装配中,要保证焊接的高质量是相当不容易的,因为手工焊接的质量受很多因素影响和控制,因此,在掌握焊接理论知识的同时,还应熟练掌握焊接的操作技能。

1. 焊接操作方法

手工焊接的具体操作方法可分为五个工序,如图4.4所示。

(1) 准备:将烙铁头和焊锡丝同时移向焊接点。

(2) 加热焊接部位:将烙铁头放在焊接部位上进行加热。

(3) 放焊锡丝:被焊部位加热到一定程度后,立即将手中的焊锡丝放到焊接部位,熔化焊锡丝。

(4) 移开焊锡丝:当焊锡丝熔化到一定量后,迅速移开焊锡丝。

(5) 移开电烙铁:当焊料扩散到一定范围后,移开电烙铁。

图4.4 手工焊接的五个工序示意图

2. 烙铁头的撤离法

烙铁头的主要作用是加热被焊件和熔化焊锡,不仅如此,合理利用烙铁头还可控制焊料量和带走多余的焊料,这与烙铁头撤离时的方向和角度有关。

(1) 烙铁头以斜上方45°方向撤离,可使焊点圆滑,烙铁头只能带走少量焊料。

(2) 烙铁头垂直向上撤离,容易造成焊点拉尖,烙铁头也能带走少量焊料。

(3) 烙铁头以水平方向撤离,烙铁头可带走大部分焊料。

3. 焊接注意事项

(1) 烙铁头的温度要适当

若烙铁头的温度过高,熔化焊锡时,焊锡中的焊剂会迅速熔化,并产生大量烟气,其颜色很快变黑;若烙铁头的温度过低,则焊锡不能充分熔化,会影响焊接质量。一般烙铁头的温度控制在使焊剂熔化较快又不冒烟时的温度。

(2) 焊接时间要适当

焊接的整个过程从加热被焊接部位到焊锡熔化并形成焊点,一般在几秒钟内完成。如果是印制电路板的焊接,一般以 2~3 s 为宜。焊接时间过长,焊料中的焊剂就完全挥发,失去助焊作用,使焊点表面氧化,会造成焊点表面粗糙、发黑不光亮等缺陷。同时,焊接时间过长、温度过高,还容易烫坏元器件或印制板表面的铜箔;若焊接时间过短,又达不到焊接温度,焊锡不能充分熔化,影响焊剂的润湿,易造成虚焊。

(3) 焊点凝固过程中不要触动焊点

焊点形成并撤离烙铁头后,焊点上的焊料尚未完全凝固,此时即使有微小的振动也会使焊点变形,引起虚焊。因此,焊点凝固的过程中不要触动焊接点上的被焊元件和导线。

(4) 焊料和焊剂的使用要适当

手工焊接的焊料一般采用焊锡丝,因其本身带有一定量的焊剂,焊接时已够用,故不必再使用其他焊剂。焊接时还应注意焊锡的使用量,不能太多也不能太少。焊锡使用过多,焊点太大,影响美观,而且多余的焊锡会流入元器件引脚的底部,可能造成引脚之间短路或降低引脚之间绝缘;若焊锡使用过少,易使焊点的机械强度降低,焊点不牢固。

4. 焊接质量要求

焊点是电子产品中元件连接的基础。电子产品的组装,其主要任务是在印制电路板上对电子元器件进行焊锡,焊点的个数从几十个到成千上万个,如果有一个焊点达不到要求,就会影响整机的质量。焊点质量出现问题,可导致设备故障,一个似接非接的虚焊点会给设备造成故障隐患。因此,高质量的焊点是保证设备可靠工作的基础,必须做到以下几点。

(1) 可靠的电气连接

焊接是电子线路从物理上实现电气连接的主要手段。锡焊连接不是靠压力而是靠焊接过程形成牢固连接的合金层达到电气连接的目的。如果焊锡仅仅是堆在焊件的表面或只有少部分形成合金层,也许在最初的测试和工作中不易发现焊点存在的问题,这种焊点在短期内也能通过电流,但随着条件的改变和时间的推移,接触层氧化,出现脱离,电路时通时断或者干脆不工作,而这时观察焊点外表,依然连接良好,这是电子仪器使用中最头疼的问题,也是产品制造中必须十分重视的问题。

(2) 足够的机械强度

焊接不仅起到电气连接的作用,同时也是固定元器件、保证机械连接的手段。为保证被焊件在受震动或冲击时不至脱落、松动,因此,要求焊点有足够的机械强度。

(3) 光洁整齐的外观

良好的焊点要求焊料用量恰到好处,外表有金属光泽,无拉尖、桥接等现象,并且不伤及导线的绝缘层及相邻元件良好的外表。注意:表面有金属光泽是焊接度合适、生成合金层的标志,而不仅仅是外表美观的要求。

(4) 造成虚焊的原因

一般来说,造成虚焊的主要原因有以下六个:一是焊锡质量差;二是助焊剂的还原性不良或用量不够;三是被焊接处表面未预先清洁好,镀锡不牢;四是烙铁头的温度过高或过低,表面有氧化层;五是焊接时间太长或太短,掌握得不好;六是焊接中焊锡尚未凝固时,焊接元件松动。

4.3.3 印制电路板的安装与焊接

印制电路板的装焊在整个电子产品制造中处于核心的地位,可以说一个整机产品的"精华"部分都装在印制板上,其质量对整机产品的影响是不言而喻的。尽管在现代生产中,印制板的装焊已经日臻完善,实现了自动化,但在产品研制、维修领域主要还是手工操作,况且手工操作经验也是自动化获得成功的基础。

1. 元器件的引线成形

印制板上元器件引线成形如图 4.5 所示,其中大部分需在装插之前弯曲成形。弯曲成形的要求取决于元器件本身的封装外形和印制板上的安装位置,有时也因整个印制板安装空间限定元件安装位置。

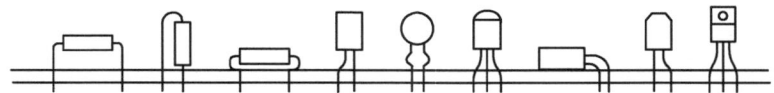

图 4.5　印制板上元器件引线成形示意图

元器件引线成形要注意以下几点:

(1) 所有元器件引线均不得从根部弯曲,因为制造工艺上的原因,根部容易折断,一般应留 1.5 mm 以上的距离。

(2) 弯曲一般不要成死角,圆弧半径应大于引线直径的 1~2 倍。

(3) 要尽量将有字符的元器件面置于容易观察的位置,以便于检查。

2. 元器件的插装

元器件在插装时要注意以下几点:

(1) 贴板与悬空插装。图 4.6(a)所示为贴板插装。贴板插装稳定性好,插装简单,缺点是不利于散热,而且对某些安装位置不适用。图 4.6(b)所示为悬空插装。悬空插装适用范围广,有利于散热,但插装较复杂,需控制一定高度以保持美观一致,悬空高度一般为 2~6 mm。

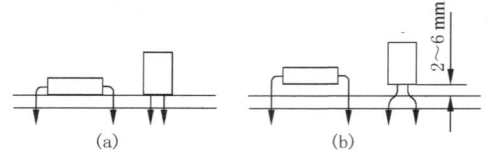

图 4.6 元器件的插装形式

（2）安装时，应注意元器件字符标记方向一致，且尽量符合人们的阅读习惯，便于读取。

（3）安装时，不要用手直接接触元器件引线和印制板上的铜箔。人们在操作时手容易出汗，汗液是导体，如用手直接接触元器件引线和铜箔，容易使电路短路。

（4）插装后为了固定，可对引线进行折弯处理，用电烙铁焊好后再剪掉多余的引线。

3. 常见焊点缺陷及质量分析

造成焊接缺陷的原因很多，在材料（焊料与焊剂）和工具（电烙铁、夹具）一定的情况下，采用什么方式以及操作者是否有责任心，就是决定性的因素了。表 4.1 列出了印制电路板焊点缺陷的外观特点、危害及产生原因，可供焊点检查、分析时参考。

表 4.1 常见焊点缺陷及分析

焊点缺陷	外观特点	危害	产生原因
焊料过多	焊料面呈凸形	浪费焊料，且可能包藏缺陷	焊丝撤离过迟
焊料过少	焊料未形成平滑面	机械强度不足	焊丝撤离过早
松香焊	焊点中夹有松香渣	强度不足，导通不良，有可能时通时断	1. 助焊剂过多，或已失效 2. 焊接时间不足，加热不足 3. 表面氧化膜未去除
过热	焊点发白，无金属光泽，表面较粗糙	1. 焊盘容易剥落，强度低 2. 造成元器件失效损坏	电烙铁功率过大，加热时间过长
冷焊	表面呈豆腐渣状颗粒，有时有裂纹	强度低，导电性不好	电焊料未凝固时焊件抖动
虚焊	焊料与焊件交界面接触角过大，不平滑	强度低，不通或时通时断	1. 焊件清理不干净 2. 助焊剂不足或质量差 3. 焊件未充分加热

续表 4.1

焊点缺陷	外观特点	危害	产生原因
不对称	焊锡未流满焊盘	强度不足	1. 焊料流动性不好 2. 助焊剂不足或质量差 3. 加热不足
松动	导线或元器件引线可移动	导通不良或不导通	1. 焊锡未凝固前引线移动造成空隙 2. 引线未处理好（润湿不良或不润湿）
拉尖	出现尖端	外观不佳，容易造成桥接现象	1. 加热不足 2. 焊料不合格
桥接	相邻导线搭接	电器短路	1. 焊锡过多 2. 电烙铁施焊撤离方向不当
针孔	目测或放大镜观测可见有孔	焊点容易腐蚀	焊盘孔与引线间隙太大
气泡	引线根部有时有焊料隆起，内部藏有空洞	暂时导通但长时间容易引起导通不良	引线与孔间隙过大或引线润湿性不良

4.4 表面安装技术

4.4.1 表面安装技术简介

表面安装技术（SMT）又称表面贴装技术、表面组装技术，是将电子元器件直接安装在印制电路板或其他基板导电表面的装接技术。在电子工业生产中，SMT 实际是包括表面安装元件（SMC）、表面安装器件（SMD）、表面安装印制电路板（SMB）、普通混装印制电路板（PCB）、点黏合剂、涂焊锡膏、元器件安装设备、焊接以及测试等技术在内的一整套完整的工艺技术的统称。SMT 涉及材料、化工、机械、电子等多学科、多领域，是一种综合性高新技术。

SMT 主要优点如下：

（1）高密集性。SMC、SMD 的体积只有传统元器件的 1/3～1/10，可以装在 PCB 的两面，有效利用了印制板的面积，减轻了电路板的重量。一般采用 SMT 后，可使电子产品的体积缩小 40%～60%，重量减轻 60%～80%。

（2）高可靠性。SMC 和 SMD 无引线或引线很短，重量轻，因而抗震能力强，焊点失效率可比 THT（通孔技术）至少降低一个数量级，大大提高了产品的可靠性。

（3）高性能。SMT密集安装减小了电磁干扰和射频干扰，尤其高频电路中减小了分布参数的影响，提高了信号传输速度，改善了高频特性，使整个产品性能提高。

（4）高效率。SMT更适合自动化大规模生产。采用计算机集成制造系统(CIMS)可使整个生产过程高度自动化，将生产效率提高到新的水平。

（5）低成本。SMT使PCB(印制电路板)面积减小，成本降低；无引线和短引线使SMD、SMC成本降低，安装中省去引线成形、打弯、剪线的工序；频率特性提高，减少调试费用；焊点可靠性提高，减小调试和维修成本。一般情况下，采用SMT后可使产品总成本下降30%以上。

SMT也存在一些问题：

（1）元器件有缺憾。表面安装元器件目前尚无统一标准，品种不齐全，价格高于普通元器件。

（2）技术要求高。如元器件受潮在装配时会发生裂损，结构件热膨胀系数有差异会导致焊接开裂，组装密度大会产生散热问题等。

（3）初始投资大。生产设备结构复杂，涉及技术复杂，费用昂贵。

4.4.2　表面安装元件

表面安装元件中使用最广泛、品种规格最齐全的是电阻和电容，它们的外形结构、标识方法、性能参数都和普通安装元件有所不同，选用时应注意其差别。

表面安装元件除了电阻、电容外，还有电位器、电感器、滤波器、继电器、开关、连接器等。此外，还有表面安装敏感元器件，如片状热敏电阻器、片状压敏电阻器等。

4.4.3　表面安装设备

1. 手动丝网印刷机

手动丝网印刷机的功能是通过丝网漏印的方法使焊膏黏合到焊盘上。其结构如图4.7所示。

2. 再流焊机

KJ810台式再流焊机(见图4.8)采用先进的强制热风与红外混合加热方式，实现绝对静止状态下的焊接，具有预热时间短、内腔不易污染、能耗低、体积小、操作简便的特点，可焊接精细表贴元器件。

第 4 章　电子产品焊接工艺

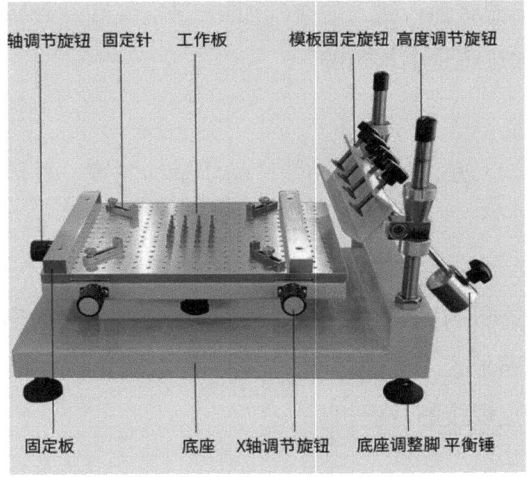

图 4.7　手动丝网印刷机的结构

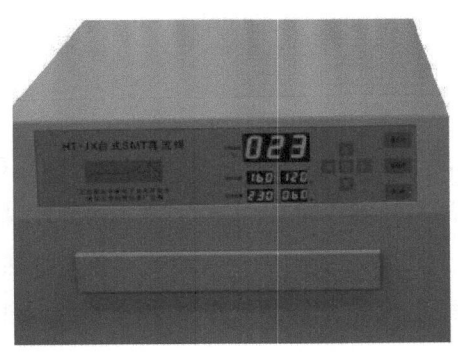

图 4.8　再流焊机

KJ810 全自动台式再流焊机，工件盘为抽屉式结构，将已贴装好的电路板置入工件盘，按"再流焊"键，工件即自动进入加热炉内，按设定好的工艺条件依次完成预热、焊接、冷却后自动从加热炉中移出。整个过程约 4 min。图 4.9 为典型再流焊温度曲线，供工艺设定参考。

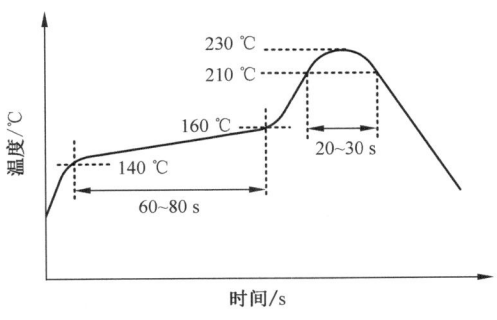

图 4.9　典型再流焊温度曲线

57

加热过程中,红外加热器将强行输入的空气加热,热空气和红外辐射共同将工件均匀加热。若没有强行加入的空气,加热将是不均匀的。

4.4.4　表面安装焊接

焊接技术是 SMT 的核心,是决定表面贴装产品质量的关键。目前广泛采用三种焊接技术,即波峰焊、二次焊和再流焊。

1. 波峰焊

波峰焊是将熔化的液态钎料,借助机械或电磁泵,在钎料槽液面形成特定形状的钎料波峰,将插装了元器件的印制电路板置于传送链上,以某一特定的角度、一定的浸入深度和一定的速度穿过钎料波峰而实现焊点焊接的过程。

2. 二次焊

二次焊是指第一次为波峰焊,第二次为浸焊的焊接工艺。波峰焊以后,元器件引脚(或电极)与焊盘已完成锡焊,但锡量少,因此紧接波峰焊后,印制电路板被送入锡焊槽浸焊,保证焊点饱满、可靠。

3. 再流焊

再流焊又称回流焊、重熔焊,是随微电子产品而发展起来的一种新的焊接技术。它是将加工好的粉状钎料用液态黏合剂混成糊状焊膏,再用它将元器件粘贴到印制电路板上,然后加热使钎料再次熔化而流动,从而达到焊接的目的。常用的再流焊加热方法有热风加热、红外线加热和汽相加热。再流焊的焊接效率高,焊点质量好,多用于片式元件的焊接,在自动化生产的微电子产品焊接中应用广泛。

第5章 电子小制作

5.1 电子产品整机制作特点和方法

现代社会飞速发展,电子产品在各行各业得到日益广泛的应用,电子产品的种类也越来越丰富,它既包括用于工业生产的大型设备、仪器,又包括人们熟悉的各种家用电器。虽然应用领域不同,复杂程度各异,工作原理更是千差万别,但作为工业产品,它们中的大多数是机电合一的整体结构,制造过程要涉及多学科、多工种的工艺技术。在本次电子制作过程中,要掌握理解基本原则和应该注意的问题,以及如何把设计目标转换为生产过程中的操作控制文件。

5.1.1 电子产品整机装配工作的主要特点

电子产品整机装配在电气上是以印制电路板为支撑主体的电子元器件的电路焊接,在结构上是以整机构件和机壳通过零件紧固或其他方法,进行由内到外的顺序安装。

电子产品整机装配技术由多种基本技术组成。例如,元器件的质检、筛选与引线成形技术,导线与线扎加工处理技术,焊接技术,安装技术等。

5.1.2 整机的布局和布线

1. 布局

整机的布局原则:保证产品技术指标的实现,满足结构工艺要求,布线方便,利于通风散热、安全检测和维修。

2. 布线

(1) 地线。电子设备若采用金属底座,可以在底座下表面固定几根粗铜线作为地线,这样可以提高设备的稳定性和可靠性,如图5.1所示。印制电路板的地线,一般大面积布设在电路板的边缘,接地元器件可就近接地,或所有接地点在一点接地,如图5.2所示。高频地线通常采用扁裸铜线条,以降低地线阻抗的影响。

(2) 电源线。电子设备若采用印制电路板设计电源线,一般采用宽条线围绕电子元器件或在其上边缘中间,就近接成一点连接,如图5.3所示。

(3) 引线和连接导线。元器件的引线或连接导线应尽可能短而直,但也不能拉得太紧,要留有一定余量,便于调试和维修时操作。高频电路的连接导线,其直径和长度应尽量小,尽可能不引入介电常数大、介质损耗大的绝缘材料。若导线必须平行放置,应尽量增大距离。印制电路板走线要尽量保持自然平滑,避免产生尖角,拐弯的印制导线一般为圆弧形,如图 5.4 所示。

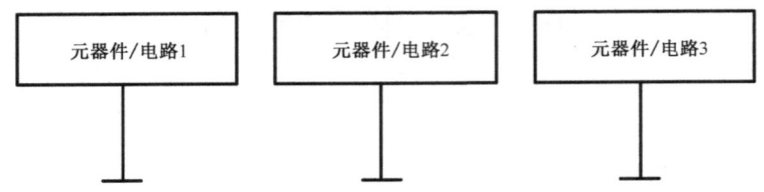

图 5.1　金属底座地线布线方法

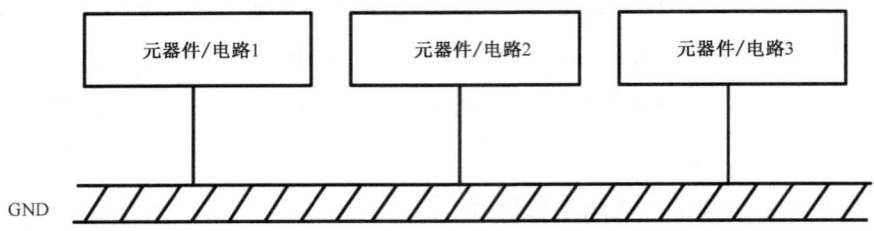

图 5.2　印制电路板地线布线方法

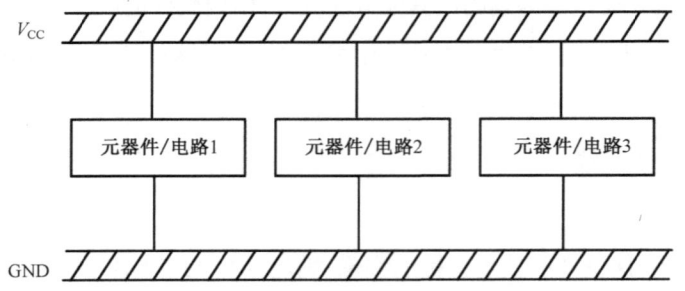

图 5.3　印制电路板电源线布线方法

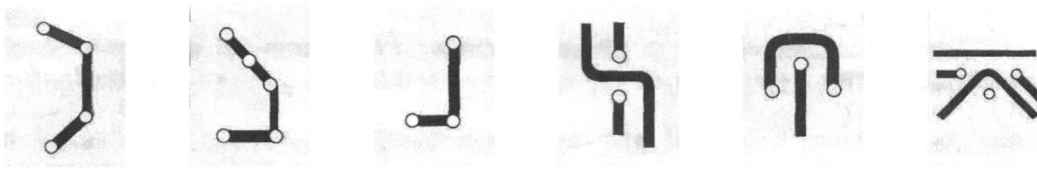

图 5.4　印制电路板导线走向与形状

5.2　直流稳压电源的设计

一切电子电路都靠电源供电而工作。电池是最常见的电源,常用于手机、平板电脑等便携设备中。另外一大类电源则是把 220 V AC(市电)处理后输出为低压直流电压给电路供电,如手机充电器、电子电路等。

5.2.1 变压器

变压器把 220 V AC 转换成低压直流电压的第一步是降压,常使用的元器件是电源变压器,其专门用于变换交流信号的电压,如图 5.5 所示。变压器可以将 220 V AC 变换成 12 V AC,最大输出功率为 24 W。输出功率可以根据电路特点选择。变压器的红色线是高压侧(输入端),蓝色线是低压侧(输出端),输入输出端千万不能用错,否则会有危险。选购变压器时,要参考负载的功耗(最大工作电流乘以工作电压)来选择额定功率。假设负载的工作电压为 24 V,最大工作电流为 2 A,则至少要选择 48 W(24 V×2 A)的变压器。

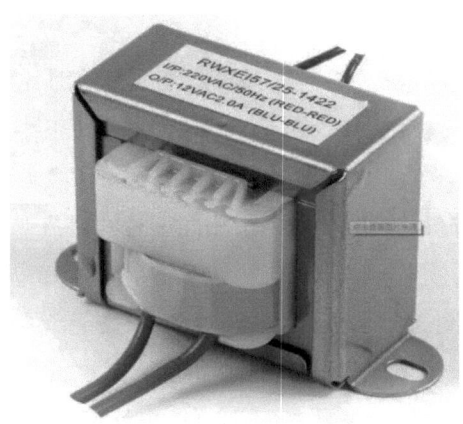

图 5.5 变压器

5.2.2 整流电路

变压器可交换电压,直流稳压电源的设计完成了第一步。不过从变压器次级输出的仍然是交流信号,这个交流信号的频率与市电相同,都是 50 Hz 的正弦波。接下来还要进行整流和滤波才能提供给直流电路使用。整流电路有三种,即半波整流、桥式全波整流和整流全桥。其中,半波整流最简单,整流全桥和桥式全波整流都由其发展而来,以桥式全波整流的应用最为广泛。

1. 半波整流

在学习二极管时,涉及二极管的一个特性——单向导通性。如果将一个正弦波通过二极管,那么在正弦波的正半周期内,二极管正向偏置而导通,信号通过;负半周期时因二极管反向偏置而截止,信号无法通过,因此输出信号在每个周期内只有"半个波"。将这个过程使用 Multisim 软件仿真出来,结果如图 5.6 所示。

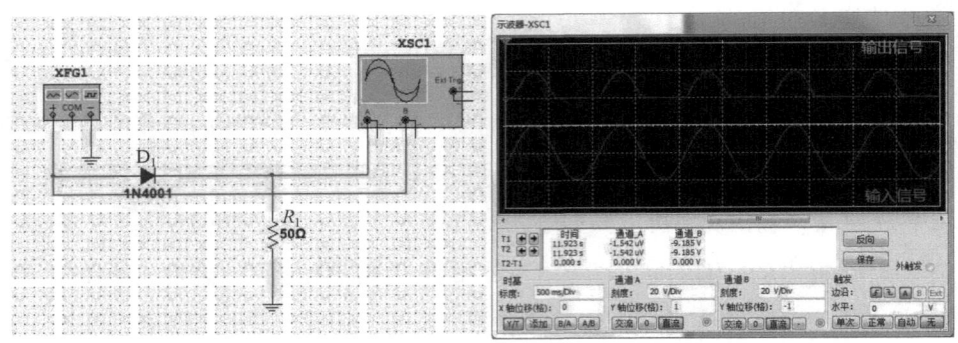

图 5.6　半波整流电路仿真及波形

2. 桥式全波整流

半波整流缺点很明显，电路浪费了一半的信号，全波整流对比半波整流最大的优点是充分利用信号的正、负半周期，可以将信号的负半周期"对折"到正半周期上，形成单向脉动电压信号。

全波整流以桥式全波整流最为普遍，把四个相同型号的整流二极管按照图 5.7 所示的方式连接在一起，达到全波整流的效果。当输入电压处于正半周时，二极管 D_2 和 D_3 导通，二极管 D_1 和 D_4 截止，电流流动情况如图 5.8(a)所示。当输入电压处于负半周时，二极管 D_4 和 D_1 导通，二极管 D_2 和 D_3 截止，电流流动情况如图 5.8(b)所示。流过负载电阻 R 的电流方向始终是从右向左的，所以在 R 上的电压极性始终是一个方向的，电流通路要经过两个二极管，考虑二极管的导通电压，所以输出电压会比输入电压下降两个 0.7 V（即 1.4 V）。如果输出电压够大，忽略 1.4 V 的导通电压，那么可以近似认为输出电压的波形如图 5.9 所示。与半波整流相比，全波整流充分利用信号的正、负半周期，更有效率。

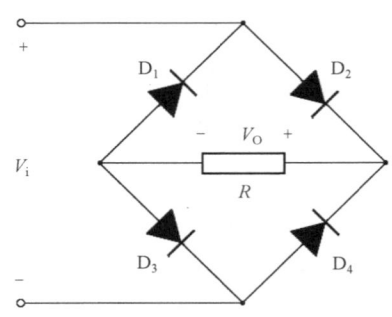

图 5.7　桥式全波整流

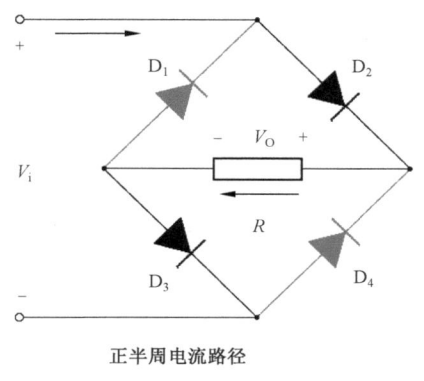
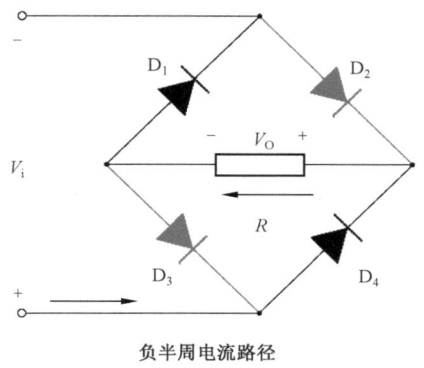

正半周电流路径　　　　　　　　　　　负半周电流路径

(a)　　　　　　　　　　　　　　(b)

图5.8　桥式全波整流电流方向

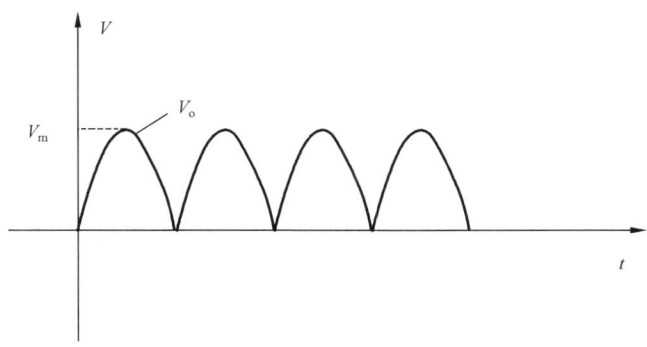

图5.9　桥式全波整流输出电压波形

3. 整流全桥

由四个二极管构成的桥式全波整流电路把正弦信号变换成单向脉动电压信号,为后续的信号处理作准备。选定了合适的变压器是不是就可以向负载供电了呢? 其实不然,还要考虑电源电路中除变压器外其他模块是不是能经受住负载最大工作电流的"考验"。从全波整流电路中可以看到,无论是正半周还是负半周,桥式全波整流电路中的任意一个二极管与负载都是串联的关系。换句话说,负载需要多大的电流,就有多大的电流流过二极管。而二极管对电流的吞吐不是一个"无底洞",负载电流超过二极管的正向平均电流时,在变压器功率足够的情况下,二极管非常容易被烧毁。所以在为桥式全波整流电路选择二极管时,特别注意要保证所选择的四个同型号的二极管其平均正向电流大于负载的最大持续工作电流。

因为桥式全波整流应用得较多,许多厂家干脆把四个同一型号的二极管集成在一起,制成整流全桥器件供电路设计时选用。每种型号的整流全桥都有最大反向电压 V_{RRM} 和平均正向电

流 I_{FAV} 等参数。在选用时,要保证整流全桥的 V_{RRM} 大于电路的额定电压,平均正向电流 I_{FAV} 大于电路的最大持续工作电流。

整流全桥所能承受的电流越大,其体积也就越大。若整流全桥持续工作在大电流的条件下,应当为其安装散热器。

整流全桥电路符号有多种,但不管是哪种符号,都有四个引脚:两个 AC 引脚接交流输入信号(变压器的输出),由于交流信号没有正负之分,所以这两个 AC 引脚可以混用;另外,"+"引脚为整流全桥的输出正极,"-"引脚为输出负极,这两个是整流全桥的输出。由于信号经过整流已经具有极性之分,所以正、负极不能混用,否则会烧毁负载。一般整流全桥的实物上都会有四个引脚的标识,易于使用者区分。器件上的"~"或者"AC"标示为整流全桥的交流输入端,"+"和"-"标示为整流全桥的直流输出端。整流全桥符号及实物如图 5.10 所示。

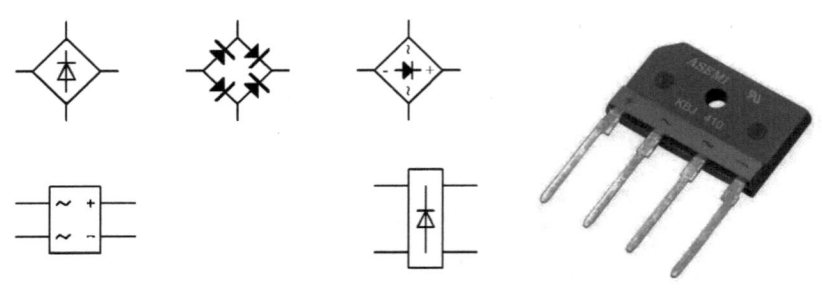

图 5.10　整流全桥符号及实物

Multisim 仿真软件中提供了整流全桥模块,位置在"Diode s"—"FWB",其中有多种型号整流全桥可供选择。

5.2.3　滤波电路

通过观察半波整流和桥式全波整流两种电路发现,无论哪一种整流电路都无法完全把"波"的痕迹去除干净,就算是优秀的桥式全波整流,其输出的仍然是一个频率为 100 Hz 的单向脉动电压信号(在市电为 50 Hz 的情况下)。于是为了获得直流电路工作所需的直流电源,还需要对整流之后的信号进行处理,处理之后的电路就是滤波电路。

常用的电源滤波电路是电容滤波,这是一种简单的滤波电路。在整流全桥之后加上一个滤波电容,如图 5.11 所示。整流全桥输出的单向脉动电压信号在上升段给电容充电,在下降段时电容会向负载放电,使负载两端电压不会马上掉下来,能够保持输出电压的稳定。滤波电容根据负载电流大小和滤波需要,一般选择的容量为 100~10 000 μF。

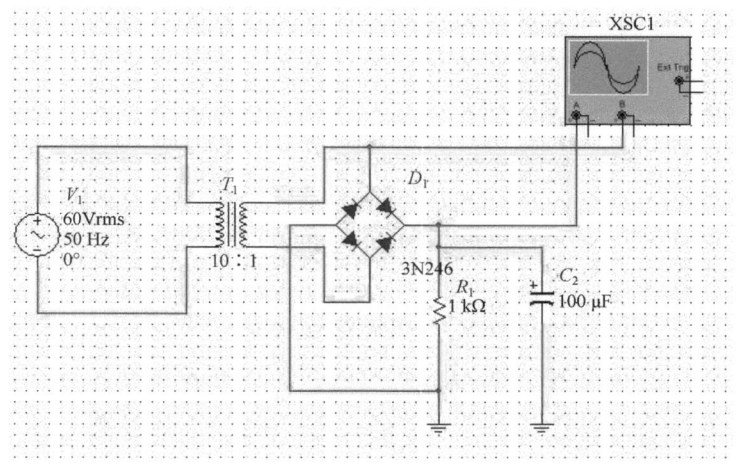

图 5.11　电容滤波电路

可以通过仿真的方式来观察不同容量的电容滤波效果。通过图 5.12 中不同容量的滤波结果可以发现,滤波电容的容量越大,储存的能量越多,在整流输出信号下降时给负载提供的工作电压的能力就越大,滤波之后的输出波形也就越平缓,或者说,电源的质量更优秀。

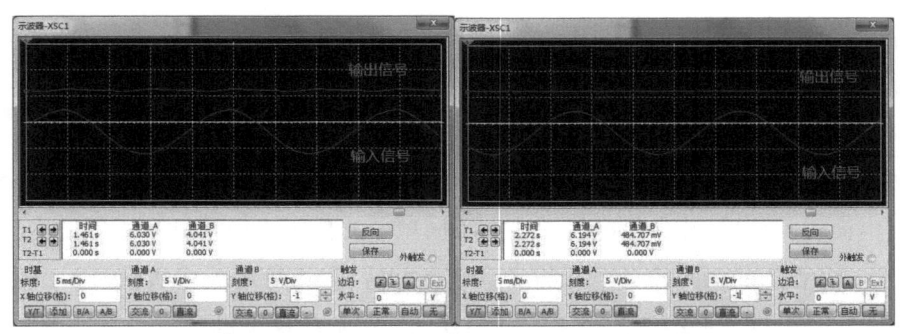

(a) 100 μF 滤波电容　　　　　　　　(b) 1 000 μF 滤波电容

图 5.12　电容滤波电路输出信号

5.2.4　稳压电路

220 V AC 经过变压器、整流电路、滤波电路处理后,已经具备了作为直流电路的能力,可以把它等效成一个电压源和一个内阻(任何电源都有内阻)串联的形式,其电路模型如图 5.13 所示。

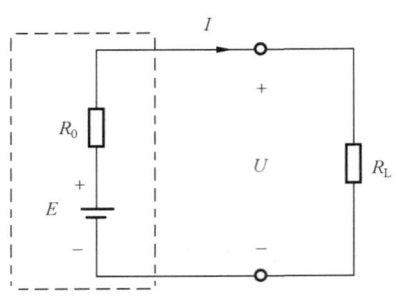

图 5.13　电源的电路模型

如果电路中内阻 R_0 阻值为 0,那么电源 E 提供的所有电压都会作用于负载上,输出电压恒定,这是理想的电源,但理想总是遥不可及的。当负载需要的电流增大时,那么在内阻上产生的压降也增大,这样负载两端的电压就变小了,我们能做的就是尽量减小内阻,降低内阻对负载的影响。如果在负载电流变大时,电源输出电压即负载两端电压下降得不明显,那么这就是一个好电源。

在现有电路的基础上增加一个稳压电路,这样在负载电流发生变化时,可以通过电路补偿把输出电压基本维持在原来的水平。需要注意的是,虽然稳压电路能极大地改善电源质量,但电流变化较大时,再好的电源也不能维持输出电压恒定,只是降低的多少罢了。

1. 稳压二极管简易稳压电路

稳压二极管是一种天生工作在反向击穿状态的二极管,其伏安特性曲线如图 5.14 所示。当反向偏置电压从 0 开始增加时,反向电流一开始是 0,当反向偏置电压继续增加达到击穿电压时,反向电流瞬间陡增,让大量电流通过。不同型号的稳压二极管具有不同的击穿电压,当施加在稳压二极管上的反向偏置电压与击穿电压相等时,不管电流多大,稳压二极管两端的电压基本保持不变,这就是稳压的由来。利用稳压二极管的这个特性可以设计出丰富的稳压电路。需要特别注意的是,稳压二极管永远工作在反向偏置状态中。

2. 集成电路稳压器

要想用纯电阻、电容、二极管等基础元件,能完成的电路有限,使用集成电路芯片能大幅提高电路性能。目前,许多电子电路中都普遍使用集成电路稳压芯片对电源进行稳压。

稳压芯片按照引脚的多少可以分为三端固定式、三端可调式和多端可调式等。其中三端式稳压集成电路最为常用。集成电路稳压器输出电流可达 3 A,发热量大,所以在使用时通常在器件背面安装散热器。集成电路稳压器型号众多,与之相关的稳压电路也较多,目前常用的稳压集成芯片有 78 系列、79 系列和 LM317 等三端稳压电路。

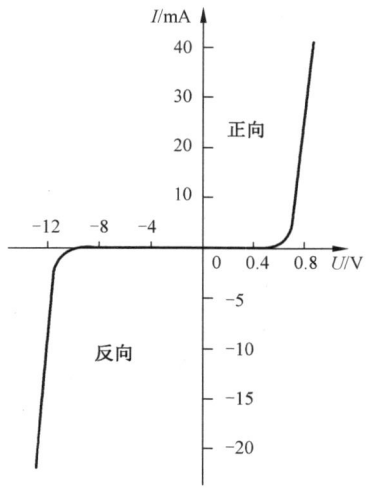

图 5.14 稳压二极管伏安特性曲线

78 系列或 79 系列三端稳压电路,某个型号只对应某一固定电压输出,但是在一些场合,我们既希望稳压,又需要输出电压可调,而使用 LM317 可调三端稳压器就是一个很好的解决办法。在 LM317 的调整端 ADJ 上增加一个反馈电阻 R_1,并由电位器 R_2 调节 ADJ 引脚的电位来实现输出电压 V_{out} 可调节。LM317 最大可提供 1.5 A 的电流,输出电压调节范围在 1.2~37 V。注意:LM317 的输入端 IN 和输出端 OUT 之间的电压差不能超过 40 V。如果负载电流较大,还可以选用 LM138 可调三端稳压,其输出电压在 1.2~32 V 之间可调,最大输出电流为 7 A;或者选用 LM196,其输出电压在 1.25~15 V 之间可调,最大输出电流达 10A。

输出电压可通过公式 $V_{out} = 1.25 \times \left(1 + \dfrac{R_1}{R_2}\right)$ 求得。

LM317 芯片的仿真电路及结果如图 5.15 所示。

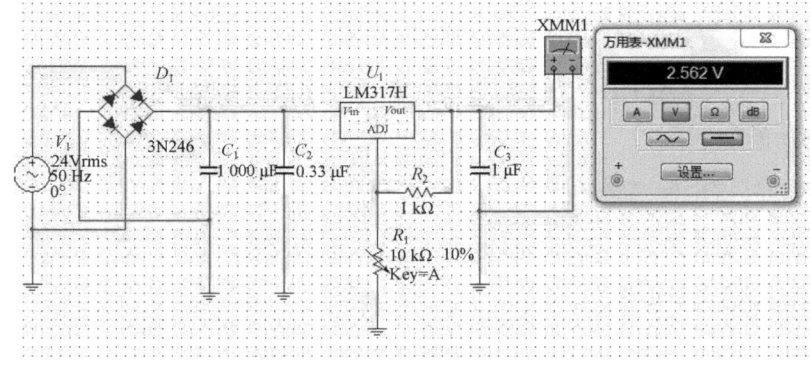

图 5.15 LM317 稳压器仿真电路

5.3 NE555 芯片的应用

555 定时器(NE555 芯片)是一种应用广泛的集成电路,它可以被设计成单稳态多谐振荡器、无稳态多谐振荡器等上千种应用电路(见图 5.16)。如图 5.17 所示为 NE555 芯片的引脚排布、外观和内部结构。之所以称为 555 定时器,是因为集成电路内部的基准电压电路是由三个误差极小的 5 kΩ 电阻组成的。

图 5.16　NE555 芯片

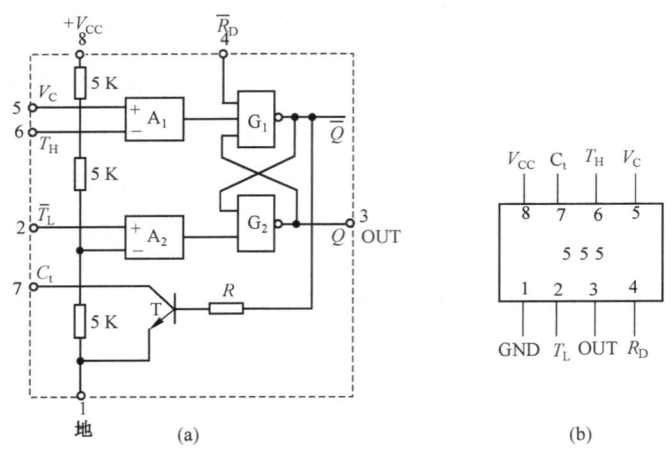

图 5.17　NE555 芯片的引脚排布、外观和内部结构

各个引脚功能如下:

(1) 1 引脚:外接电源负端 V_{SS} 或接地,一般情况下接地。

(2) 2 引脚:低触发端 T_L,该脚电压小于 $1/3V_{CC}$ 时有效。

(3) 3 引脚:输出端 OUT。

(4) 4 引脚:直接清零端 R_D。当此端接低电平时,则时基电路不工作,此时不论 T_L、T_H 处于何电平,时基电路输出为 0。该端正常工作应接高电平。

(5) 5 引脚:为控制电压端。若此脚外接电压,则可改变内部两个比较器的基准电压。当该脚不用时,需要将该脚串入一只 0.01 μF(103)瓷片电容接地,以防止引入高频干扰。

(6) 6 引脚:高触发端 T_H,该脚电压大于 $2/3V_{CC}$ 时有效。

(7) 7 引脚:放电端。该端与放电管 T 的集电极相连,用作定时器时电容的放电引脚。

(8) 8 引脚:外接电源 V_{CC},双极型时基电路 V_{CC} 的范围是 4.5~16 V,CMOS 型时基电路 V_{CC} 的范围为 3~18 V,一般用 5 V。

5.3.1 单稳模式

在 555 定时器外添加一个电阻 R_1 和电容 C_1 即可构成一个单稳态多谐振荡器。一开始,触发端(2 引脚)无触发信号,振荡器处于稳定状态,输出端(3 引脚)为 0。当触发端获得一个触发信号时(下降沿),电路翻转,输出端将保持 1(非稳态)一段时间后再回到 0(稳态)。非稳态过程的时间由电阻 R_1 和电容 C_1 的参数决定,计算公式如下:

$$T_w = 1.1\ R_1\ C_1$$

555 定时器单稳态仿真电路如图 5.18 所示。使用信号发生器产生占空比 90%、50 Hz 的方波信号作为触发信号,输出波形如图 5.19 所示。可见,触发信号的每个下降沿,输出端都会产生一个持续约 11 ms 的稳态翻转信号,随后又回到稳态。

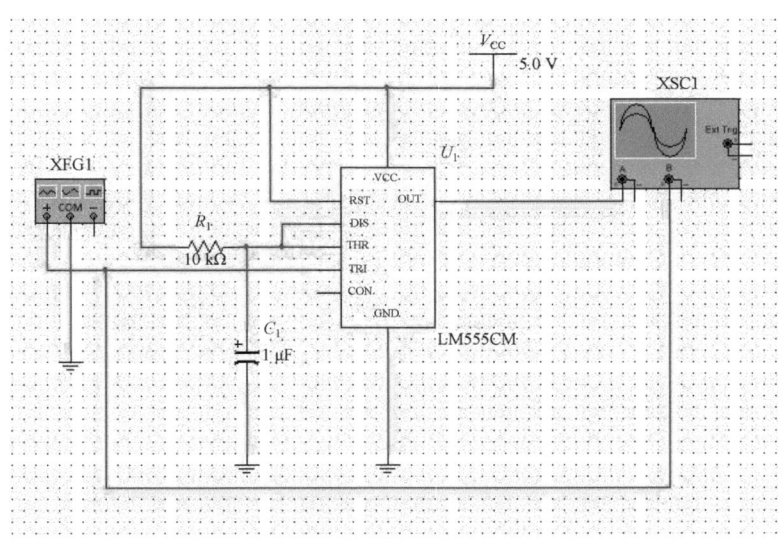

图 5.18　**NE555 单稳态仿真电路**

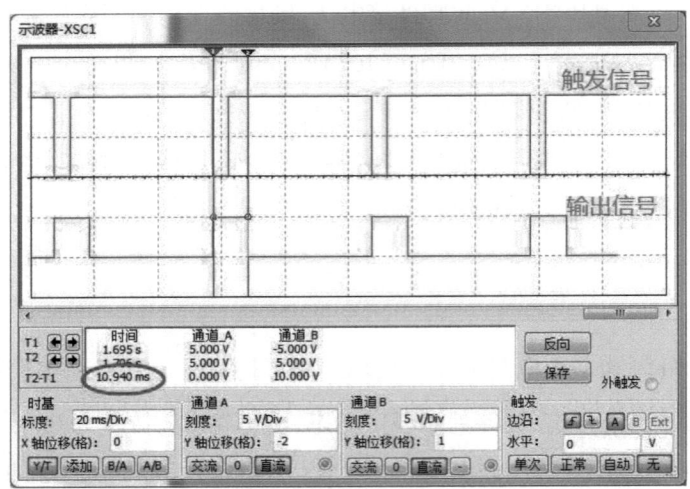

图 5.19　NE555 单稳模式仿真输出

5.3.2　无稳模式

555 定时器还可以与两个电阻 R_1、R_2 和一个电容 C_1 构成无稳态多谐振荡器(输出为矩形波)。如图 5.20 所示，振荡器的频率和占空比可以用以下两个公式计算。

$$f = \frac{1.44}{(R_1 + 2R_2)C_1}$$

$$D = \frac{R_1 + R_2}{R_1 + 2R_2} \times 100\%$$

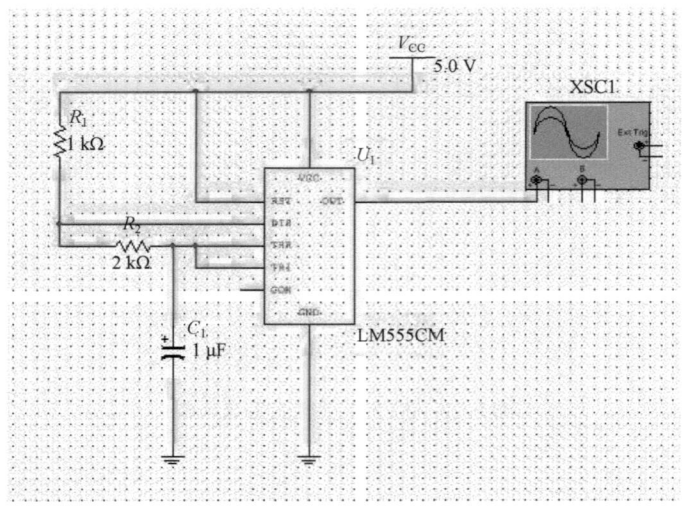

图 5.20　NE555 无稳模式电路仿真

通过公式计算可以得到,输出信号的频率约为 2 880 Hz,占空比为 60%。通过图 5.21 示波器的输出可以读取输出信号的频率约为 2 870 Hz,占空比约为 60%。更改电阻和电容参数,此电路可以得到方波信号。

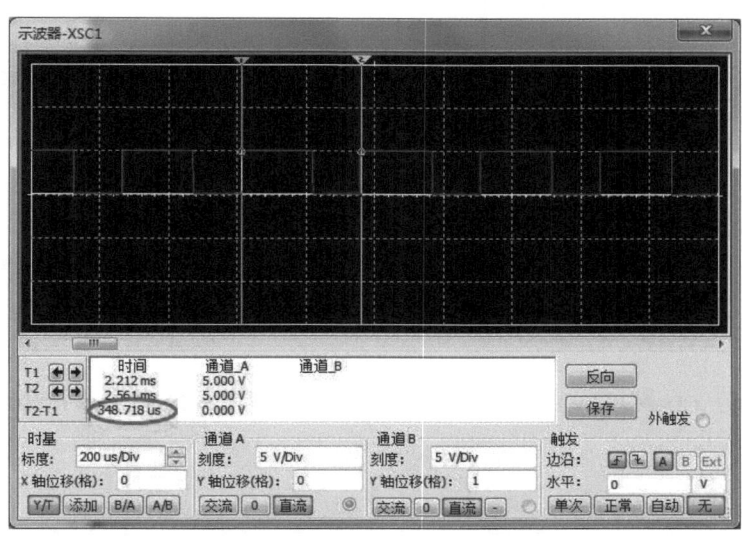

图 5.21　NE555 无稳模式仿真电路输出

5.4　流水灯控制电路的设计和制作

5.4.1　基本方波电路

CD4069 是常规的六路反相器,每一路反相器都是相对独立的,主要用于数字电路中,起反相作用。其正常工作时,V_{DD} 接电源,V_{SS} 通常接地,V_{DD} 范围为 3~15 V。没有使用的输入端必须接电源、地或者其他输入端。

六路反相器电路 CD4069 有以下特点:

(1) 全静态工作;

(2) 提供较大的电压范围:3~15 V;

(3) 标准对称输出;

(4) 提供较大的温度使用范围:-40~125 ℃;

(5) 封装形式:DIP14、SOP14。

CD4069 功能框图、引脚排列图及振荡电路原理图如图 5.22—5.24 所示。

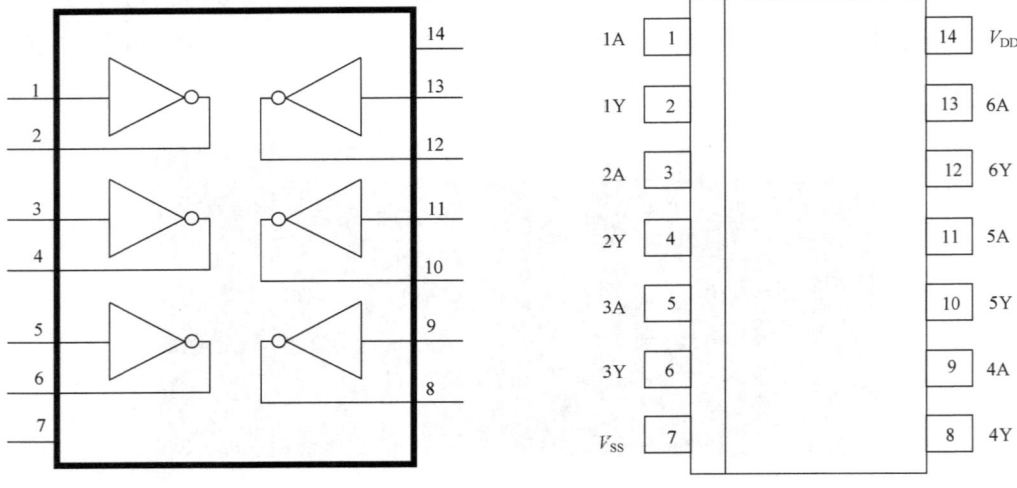

图 5.22　CD4069 功能框图　　　　图 5.23　CD4069 引脚排列图

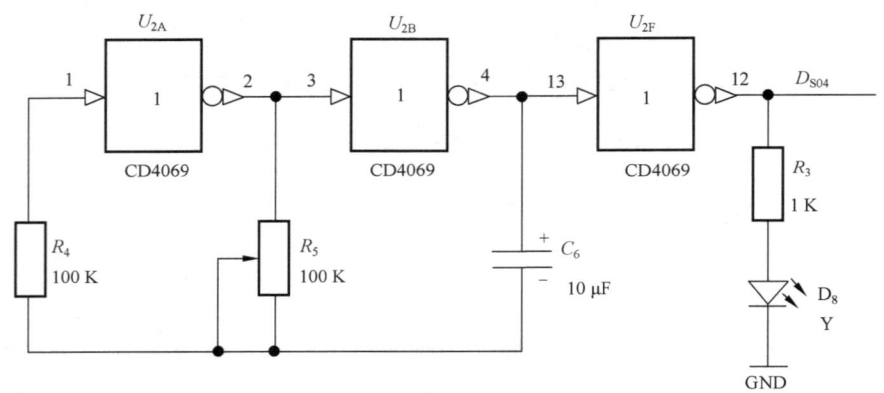

图 5.24　CD4069 振荡电路原理图

5.4.2　逻辑电平检测电路

数字电路中,信号以高低两种形式存在。在复杂逻辑电路中,经常需要检测某输出端的电平状态,逻辑笔的作用就是检测电平状态,以此为出发点,制作一个简单的逻辑电平检测电路。如图 5.25 所示为逻辑电平检测电路原理图。

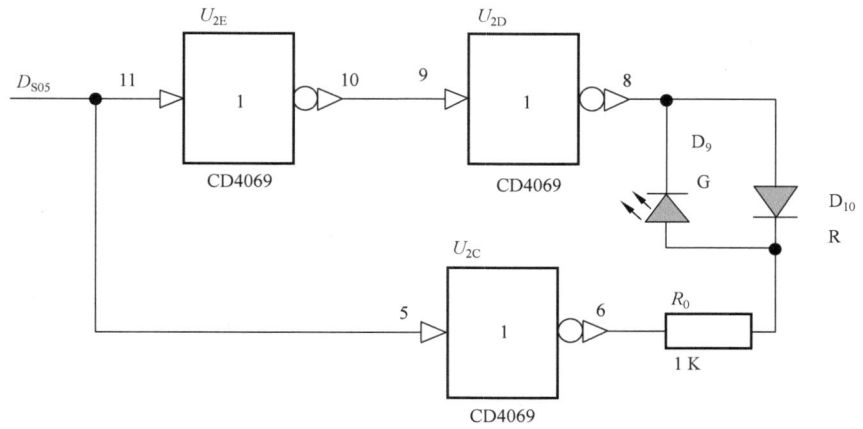

图 5.25 逻辑电平检测电路原理图

5.4.3 蜂鸣器电路

万用表的二极管挡位可以测量二极管特性,还可以检测导线通断,如电路某处发生短路,用万用表二极管挡位测量电路中的短路点有蜂鸣声。将该功能简单化,使用三极管驱动蜂鸣器即可实现。蜂鸣器电路原理图如图 5.26 所示。

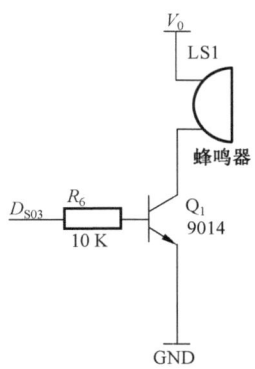

图 5.26 蜂鸣器电路原理图

5.4.4 流水灯电路

CD4017 是十进制计数/分配器,有三个输入端,其中一个是清零端 CR。当在 CR 端上加高电平或正脉冲时,计数器中各计数单元输出为 0,在译码器中只有对应 "0" 状态的输出端 Q_0 为高电平。另外两个是时钟输入端 CP 和 $\overline{\text{EN}}$ 端。如果要用上升沿来计数,则信号由 CP 端输入;若要用下降沿来计数,则信号由 $\overline{\text{EN}}$ 端输入。设置两个时钟信号端,级联时比较方便。CD4017 有 10 个译码输出端,每个输出端的状态与输入计数器的时钟脉冲的个数相对应。例如,输入 4 个时钟脉冲,如果计数器从 0 开始计数,则此时译码输出端 Q_4 应为高电平,其余输出端均为低电平。其引脚图如图 5.27 所示。

```
      Q₅ ─┤ 1       16 ├─ V_DD
      Q₁ ─┤ 2       15 ├─ CR
      Q₀ ─┤ 3       14 ├─ CP
      Q₃ ─┤ 4       13 ├─ INH
      Q₆ ─┤ 5       12 ├─ CO
      Q₇ ─┤ 6       11 ├─ Q₉
      Q₃ ─┤ 7       10 ├─ Q₄
     V_SS ─┤ 8        9 ├─ Q₈
```

图 5.27　CD4017 十进制计数/分配器引脚图

流水灯的电路原理图如图 5.28 所示。电源部分由 9 V 直流电源供给控制电路使用。

由 CD4069 振荡电路输出的时钟脉冲信号加在 CD4017 的 CP 端时,在 4017 的输出端 Q_0—Q_9,便依次出现高电平,并驱动相应的三极管依次导通,发光二极管 LED_1—LED_{10} 也依次点亮,形成流水灯的效果。调节振荡电路中的电位器可改变时钟信号的频率,使旋光的速度发生改变。

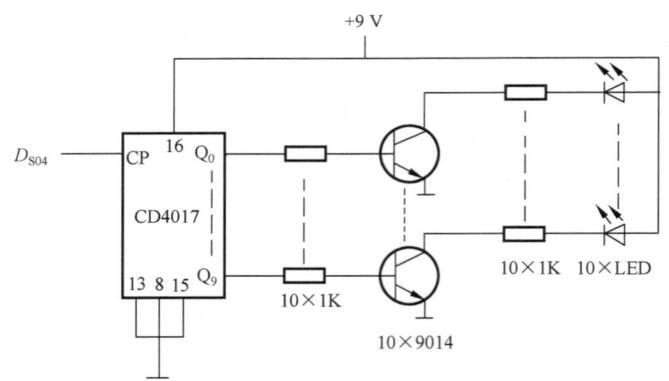

图 5.28　流水灯电路原理图

5.5　元器件的布线和结构以及安装与调试

5.5.1　布线和结构

根据印制电路板实际尺寸大小,在纸上画出框图,将所需元器件按实际尺寸放在框图内进行排列,注意数字电路和模拟显示电路的设计结构和位置分布。数字电路部分的两个集成电路 IC_1、IC_2 需并排布置,两个定位口应同方向排列。模拟显示部分应留有一多半余地,以便根据自己的想法设计发光二极管显示的图形。

按结构布好元器件位置,画出整个电路布线图后,用 $\phi 0.2 \sim 0.4$ mm 独芯线焊接。布线要求走线尽量短,平行或交叉,避免产生分布电感、分布电容以及在电路中产生自激振荡,影响电路的正常工作。

5.5.2 安装与调试

电路焊接完成后,应首先检查各个元器件本身是否完好,连接是否正确,有无虚焊、错焊或短路之处。在上述各项都检查正确后,方可通电,进行下一步检查与调试。

1. 调试

确认电路无误后进行通电试验,观察电路有无冒烟、焦煳味、放电火花等异常现象,如果有,立即切断电源,查找原因。

用逻辑笔或示波器的探头测试 $IC_1—Q_4$ 与 $IC_2—CP$ 端应有闪烁或脉冲信号,如需改变时钟信号频率,可调节 RP_1 电位器。如 10 只 LED 发光二极管有个别不亮,可用逻辑笔、万用表等设备测量相对应 IC_2 输出端 Q 至三极管 VT 的基极 B 和集电极 C 的电位情况,或用万用表测量相应电阻的好坏及发光二极管极性是否接反或损坏。

2. 元器件测试

元器件使用前,要检查其质量,用万用表的欧姆挡检查一下电阻、电容、二极管、三极管等器件。集成电路最好不要直接焊接在印制电路板上,先焊接集成块管座,然后插上集成电路块,安插时应特别注意集成电路的引脚顺序。电阻器应采用立式安装。

5.5.3 电子制作的要点

电子制作的要点如下:

(1) 根据电路原理图及所需电子元器件的参数、规格要求,用仪器仪表测试、核对元器件。

(2) 装配时应确定零部件的位置、方向、极性,不要装错。安装原则是从里到外、从下到上、从小到大、从轻到重,前道工序不影响后道工序,后道工序不改变前道工序。

(3) 参照电路原理图设计电路结构分布接线图(参照单面印制电路板进行设计)。

(4) 电路结构设计、元器件分布合理,布线要短而整齐。

(5) 整机焊接完成后,参照电路原理图检查核对 2~3 次,确定无误后再通电调试。

第 6 章 MicroPython

6.1 MicroPython 简介

　　MicroPython 是 Python 3 编程语言的精简高效实现,包括 Python 标准库的一小部分,并且经过优化,可以在 Microcontrollers(微控制器)和有限的环境中运行。

　　MicroPython 包含许多高级功能,如交互式提示、任意精度整数、闭包、列表理解、生成器、异常处理等。然而它非常紧凑,可以在 256k 的代码空间和 16k 的 RAM 内运行。MicroPyhon 旨在尽可能与普通 Python 兼容,以便使用者轻松地将代码从电脑传输到微控制器或者嵌入式系统。

　　实际上,MicroPython 就是指在微控制器上使用 Python 语言进行编程。早期的单片机使用汇编语言来编程,随着微处理器的发展,后来逐步被 C 语言所取代,现在的微处理器集成度越来越高,可以使用 Python 语言来开发了。Python 的强大之处是封装了大量的库,开发者直接调用库函数就可以高效地完成大量复杂的开发工作。MicroPython 保留了这一特性,常用功能都被封装到库中。一些常用的传感器和组件都有专门的驱动,通过调用相关函数,就可以直接控制 LED、按键、伺服电机、PWM、AD/DA、UART、SPI、IIC 以及各种传感器等。以往需要花费数天编写才能实现的硬件功能代码,现在基于 MicroPython 开发,只要十几分钟甚至几行代码就可以解决。

　　MicroPython 到目前为止已经可以在多种嵌入式硬件平台上运行,如 STM32、ESP8266、ESP32、CC3200、K210 等。由于项目的开源特性,很多开发者尝试将其移植到更多平台上。MicroPython 最早支持的硬件平台是 STM32,开发板名称是 Pyboard。除此之外,上海乐鑫的 WIFI 芯片 ESP8266/ESP32 也非常成熟,用户使用 MicroPython 可以快速开发物联网相关应用,实现 Wi-Fi 无线连接。

　　另外,不少优秀的开源项目也是基于 MicroPython 衍生出来的,如 OpenMV、人工智能芯片 K210 等。随着科技的日益成熟,MicroPython 必定将嵌入式编程推向新的高度。

6.2 MicroPython 的特点

　　MicroPython 并没有带来一种全新的编程语言,但是它的意义却超过了一种新式的编程语言。它为嵌入式开发带来了一种新的编程方式和思维,就像以前的嵌入式工程师从汇编语言转到 C 语言开发一样。它的目的不是要取代 C 语言和传统的开发方式,而是让大家可以将重点放在应用层的开发上。嵌入式工程师可以不需要每次都从最底层开始构建系统,而是可以直接从经过验证的硬件系统和软件架构开始设计,减少了底层硬件设计和软件调试的时间,提高了开发效率。同时,它也降低了嵌入式开发的门槛,让一般的开发者也可以快速开发网络、物联网、机器人应用。

随着硬件的高速发展,传统的嵌入式开发方式逐渐显露出一些问题。现在的芯片越来越复杂,更新换代也越来越快,几乎每隔半年到一年,各硬件厂家都会推出新型号的芯片,包含了新的功能,或者提高了性能。以前的嵌入式开发以 8 位单片机为主,芯片虽然也很复杂,但是寄存器不多,用法也简单,短时间内就能初步掌握。而现在的 ARM 和其他 32 位、64 位芯片,寄存器非常多,使用上也非常复杂,很少有工程师还能停留在寄存器级别进行复杂的软件开发了。以前的工程师用几天就可以熟悉一种单片机,用几个星期就能初步掌握它,用几个月就能熟练应用开发产品,现在则很少有工程师能够跟上芯片更新的步伐了。而且现在的环境一般也不允许大家先去学习几个月到一两年的时间,很多时候都是边用边学。以前的工程师只要深入掌握一两种单片机就可以在很长时间里应对大部分的应用,而现在则需要使用硬件厂家提供各种函数库和辅助开发工具,才能充分利用控制器的各种新功能。如:ST 公司的 CubeMX、NXP 公司 CodeWarrior 中的 PE、Silabs 公司 Simplicity Studio 的 Hardware configurator、Microchip 公司的 MCC 等。虽然这些工具也可以带来很大的便利,但是各厂家的工具各不相同,库函数也是互不兼容,使用这些工具开发的程序很难直接移植,给系统设计和维护带来许多不便。

MicroPython 的特点是简单易用、移植性好、程序容易维护,但是采用 MicroPython 和其他脚本语言(如 JavaScript)开发的程序,其运行效率肯定没有采用 C/C++ 等编译型的工具高。在很多情况下,MicroPython 硬件的性能是过剩的,降低一点运行效率并不会有太大影响,而其带来的开发效率的整体提升才是最大的好处。

虽然 MicroPython 的功能非常强大,用户也很多,但是 MicroPython 和 Pyboard 都使用了非常宽松的 MIT 授权方式,而不是大公司常用的 GPL 授权。这意味着任何人都可以使用、修改、发行它,并可以将它免费用在商业产品中。MicroPython 的开放性让它在短短几年时间内就获得了很大发展,全世界有很多工程师和爱好者在学习并使用它,且移植到了很多系统中,分享了众多的成果。

MicroPython 的官方网站网址为:www.micropython.org,可以在官网下载固件,也可以查询相关文档、资料等,帮助大家学习 MicroPython。

6.3　MicroPython 的系统结构

MicroPython 系统的典型结构如图 6.1 所示。它由微控制器(系统底层)硬件、MicroPython 固件和用户程序三大部分组成。微控制器硬件和 MicroPython 固件是最基础的部分,也是相对稳定的,而用户程序可以随时改变,可以存放多个用户程序到系统中,随时调用或者切换,这也是使用 MicroPython 的一个原因。

图 6.1　MicroPython 系统的典型结构

没有下载任何程序的芯片就像一个没有安装操作系统的计算机,只有安装了操作系统后才能实现其他功能。MicroPython 就像嵌入式系统的操作系统,只有先安装了 MicroPython 系统固件,才能运行各种软件(MicroPython 程序)。

专用的 MicroPython 开发板,如 PYB V10、PYB Nano 等,已经包含了 MicroPython 固件,可以直接运行。MicroPython 支持的其他类型开发板,需要自己编译源代码,产生固件,并将固件下载到微控制器中才能运行 MicroPython。如果是兼容的硬件环境(用户自定义系统),就需要自己移植 MicroPython 系统。

第 7 章 基于 STM32 平台介绍

7.1 开发环境建立

开发软件是指我们用来写代码的工具,Python 拥有众多的编程器,如果之前已经熟练掌握 Python 或已经使用 Python 开发,那么可以直接使用原来习惯的开发软件来编程。如果是初学者或者喜欢简单而快速地应用,则推荐使用 Mu。

Mu 是一款开源软件,以极简方式设计,对 MicroPython 的兼容性非常友善。而且支持 Windows、MacOS、Linux、Raspberry Pi(树莓派)。由于开源,所以软件迭代速度非常快,功能日趋成熟。

Mu 下载安装后,在桌面不会生成图标,这时候可以通过 Windows 搜索栏搜索"mu"关键词找到软件并打开(见图 7.1)。

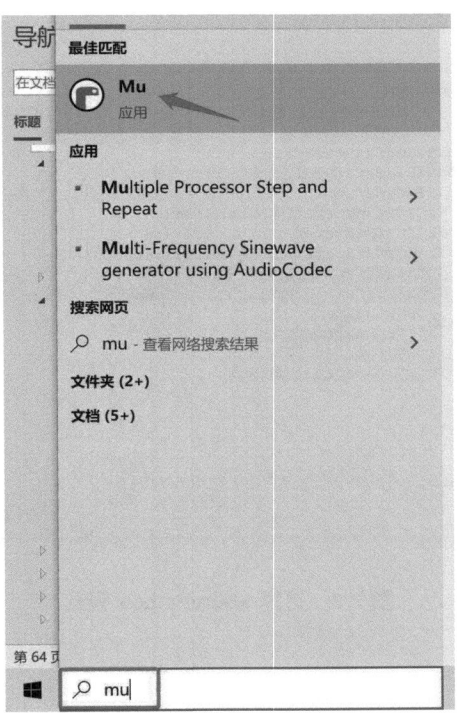

图 7.1 搜索"Mu"

打开 Mu,可以看到界面非常简洁,如图 7.2 所示。

图 7.2　Mu 主界面

单击左上角的"模式"按钮,弹出如下对话框,可以看到支持 MicroBit、ESP 等一系列 MicroPython 产品。基于 Pybaord(STM32 平台)系列产品选择"Meowbit Micropython"模式进行开发(见图 7.3)。至此,Mu 安装设置完成。

图 7.3　选择 MicroPython 模式

7.2　开发套件使用

7.2.1　驱动安装

将 MicroPython 开发板通过 MicroUSB 数据线连接到电脑(见图 7.4)。

第 7 章　基于 STM32 平台介绍

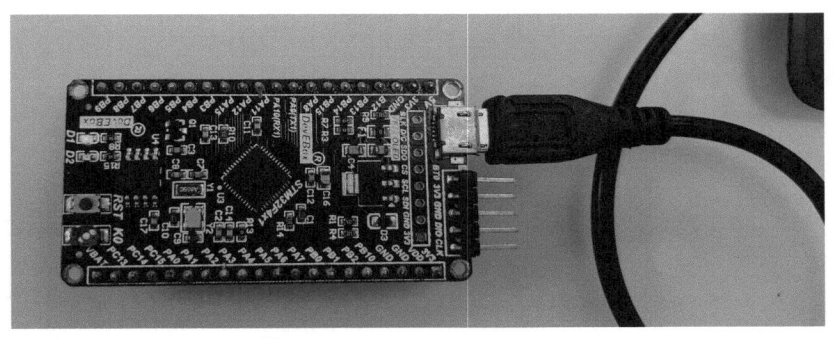

图 7.4　将开发板连接到电脑

连接电脑后,会发现出现一个 U 盘,名字是 PYBJWC,点击打开,看到以下文件(也可能包含了其他出厂测试例程文件),如图 7.5 所示。

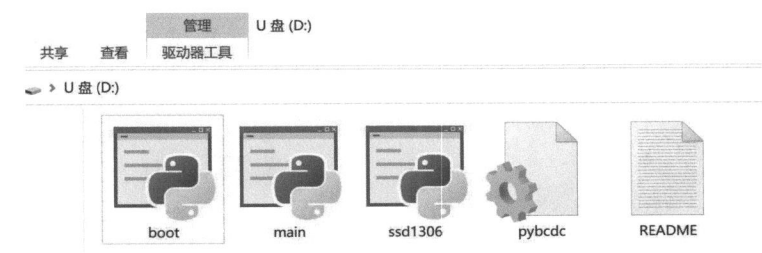

图 7.5　开发板中的系统文件

下面是对各个文件的简介,主要是四个构成 MicroPyhon 的文件系统:

(1) boot.py:系统启动文件。

(2) main.py:主函数代码文件。

(3) pybcdc.inf:USB 串口调试(REPL)驱动。

(4) README.txt:说明文件。

还需要安装一个 USB 转串口的驱动(一般情况下 Windows10 系统会自动安装),如果没有自动安装,请按以下方式手动安装。鼠标右键右击"我的电脑",执行"属性"—"设备管理器"命令,找到 Pyboard 虚拟串口新设备(部分电脑可能不显示 Pyboard,只要找到 COM 即可,不确定的可以拔插 Pyboard,找到出现和消失的 COM 就是 Pyboard 的串口 COM),右击更新驱动软件(见图 7.6 和图 7.7)。

81

电子工艺实习教程

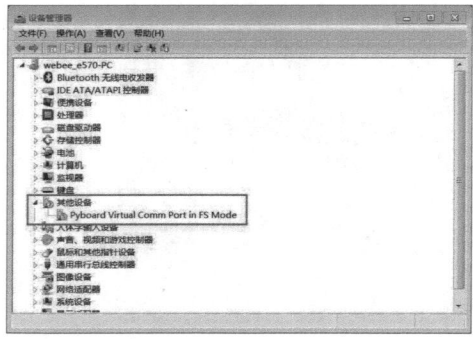

图 7.6　找到对应驱动

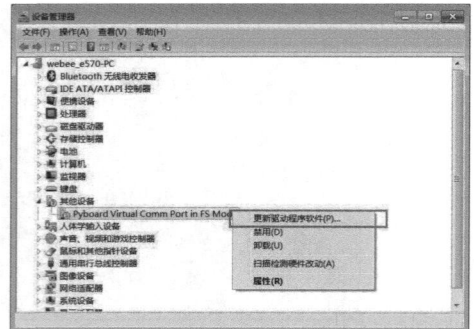

图 7.7　单击鼠标右键更新驱动

浏览计算机安装,选择路径是 PYBFLASH,也就是 U 盘盘符(见图 7.8 和图 7.9)。

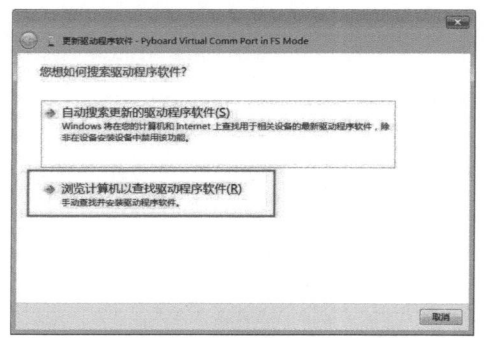

图 7.8　浏览计算机安装

图 7.9　选择 PYBFLASH 盘符

安装完成后,我们看到,原来的叹号消失了,出现了一个 COM18 串口号(见图 7.10)。对于这个串口号,不同的电脑显示会不同。

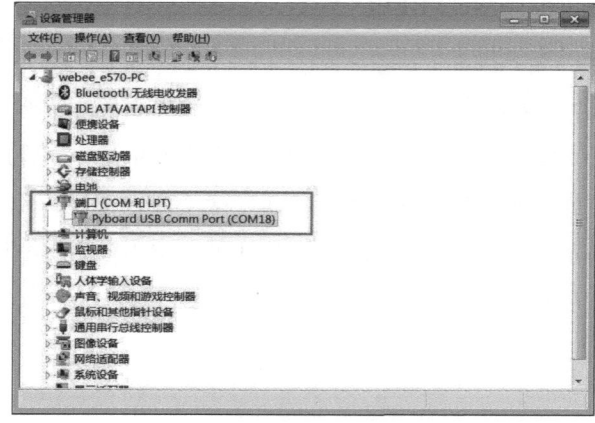

图 7.10　出现 COM 串口信息

7.2.2 REPL 串口交互调试

REPL 是读取(Read)—运算(Eval)—输出(Print)—循环(Loop)的缩写,它像是一个小型的 shell,可以便利地在解释器(内核)和命令之间交互。输入各种命令,观察运行状态,开发者可以直接通过串口终端来调试 MicroPython 开发套件。

MicroPython 的 REPL 功能很强大,通过 REPL 交互环境,可以访问 Pyboard、输入程序、测试代码、查找问题、查看帮助、查看磁盘文件……熟练掌握这些功能可以帮助我们更好地使用 MicroPython。

在 Mu 中选择 Micropython 模式后,直接单击软件上方的"REPL"按钮。可以看到,界面下方出现了一个调试窗口(见图 7.11)。

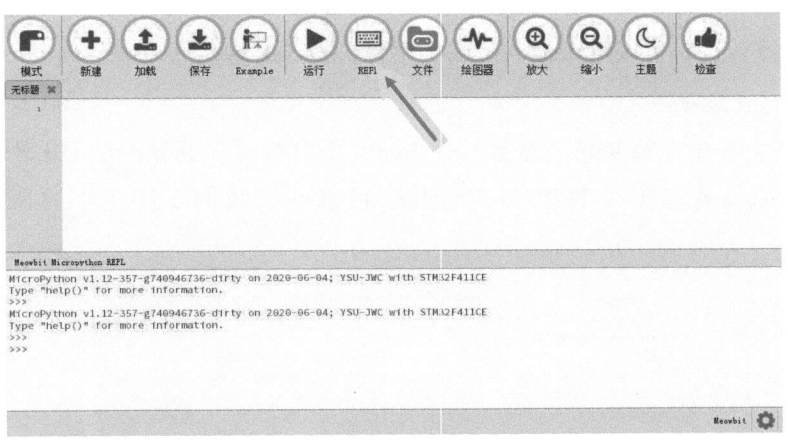

图 7.11 串口 REPL 调试

1. REPL 的快捷键

REPL 提供了一些快捷键,使用这些快捷键可以有效减少按键的次数,提高代码的输入效率。REPL 快捷键列表如表 7.1 所示。

表 7.1 REPL 快捷键列表

按键	功能
上下方向键	切换以前输入的命令
左右方向键	移动光标,编辑当前命令行中输入的内容
Tab 键	补全代码:如果只有一种选择,会自动补全代码;当有多种选择时,列出所有可能的选项让用户参考
Ctrl+B	在空命令行下,显示版本,REPL 提示
Ctrl+C	中止当前的操作或正在运行的程序,返回到 REPL 下

续表7.1

按键	功能
Ctrl+D	在空命令行下同时按下 Ctrl 键和 D 键,将执行软件复位功能
Ctrl+E	在空命令行下可以进入粘贴模式。在粘贴模式下,用 Ctrl+C 推出粘贴模式(不保存输入内容),Ctrl+D 完成粘贴功能

Ctrl+B、Ctrl+D、Ctrl+E 都需要命令行是空的时候才能生效(没有输入任何字符,包括空格)。

Tab 键在输入代码时是最常用的功能键之一,它可以帮助我们快速补全代码,提高输入效率。任何时候输入变量名或函数的前几个字母,然后按下 Tab 键,如果只有一个符合的选项,就会自动将完整的内容输出到屏幕;遇到有几个符合的选项,就会将这几个内容都显示出来,方便进一步选择。这时可以继续输入后续的字母再按 Tab 键。

2. 使用 help( )函数

在 MicroPython 中支持 help( )函数。在 REPL 下直接输入 help( ),可以显示基本的帮助界面,内容是 Pyboard 基本函数和 REPL 用法,可以帮助我们了解基本的命令和函数(见图 7.12)。

图 7.12　使用 help( )函数

还可以通过 help(模块名或函数名)查看更详细的帮助,如查看 pyb 模块的详细帮助(见图 7.13)。

第 7 章　基于 STM32 平台介绍

```
>>> help(pyb)
object <module 'pyb'> is of type module
  __name__ -- pyb
  fault_debug -- <function>
  bootloader -- <function>
  hard_reset -- <function>
  info -- <function>
  unique_id -- <function>
  freq -- <function>
  repl_info -- <function>
  wfi -- <function>
  disable_irq -- <function>
  enable_irq -- <function>
  stop -- <function>
  standby -- <function>
  main -- <function>
  repl_uart -- <function>
  country -- <function>
  usb_mode -- <function>
  hid_mouse -- (1, 2, 4, 8, b'\x05\x01\t\x02\xa1\x01\t\x01\xa1\x00\x05\t\x19\x01
\x03\x15\x00%\x01\x95\x03u\x01\x81\x02\x95\x01u\x05\x81\x01\x05\x01\t0\t1\t8\x15\x81%\x7fu
\x08\x95\x03\x81\x06\xc0\t<\x05\xff\t\x01\x15\x00%\x01u\x01\x95\x02\xb1"u
\x06\x95\x01\xb1\x01\xc0')
```

图 7.13　查看 pyb 模块帮助

还可以进一步查看 pyb 内部模块的帮助,如 help(pyb.LED)、help(pyb.Pin),如图 7.14 所示。

```
>>> help(pyb.LED)
object <class 'LED'> is of type type
  on -- <function>
  off -- <function>
  toggle -- <function>
  intensity -- <function>
>>> help(pyb.Pin)
object <class 'Pin'> is of type type
  init -- <function>
  value -- <function>
  off -- <function>
  on -- <function>
  irq -- <function>
  low -- <function>
  high -- <function>
  name -- <function>
  names -- <function>
  af_list -- <function>
  port -- <function>
  pin -- <function>
  gpio -- <function>
  mode -- <function>
  pull -- <function>
```

图 7.14　查看 pyb 内部模块的帮助

help('modules')显示包含的库函数,如图 7.15 所示。

```
>>> help('modules')
__main__          framebuf          stm               umachine
_onewire          gc                sys               uos
_thread           math              uarray            ustruct
builtins          micropython       ucollections      utime
cmath             onewire           uerrno
dht               pyb               uio
Plus any modules on the filesystem
>>>
```

图 7.15　查看包含的库函数

3. 使用 dir( )函数

使用 dir( )函数可以快速查看系统当前已经导入了哪些模块(见图 7.16)。

图 7.16　查看系统导入的模块

使用 dir( )函数还可以查看这些模块内部还有哪些变量和函数。与 help( )函数一样，dir( )也可以深入模块内部。

7.3　STM32F411 介绍

STM32F411 是 Cortex-M4 入门级高性能微控制器,属于 STM32 Dynamic Efficiency™ 系列。这些 MCU 为高性能 F4 系列的入门产品提供了动态功耗(运行模式)和处理性能之间的平衡,同时在 3 mm×3 mm 的小封装内集成了大量的增值特性。

STM32F411 MCU 集成 Cortex-M4 内核(具有浮点单元),工作频率为 100 MHz,同时还能在运行和停机模式下实现出色的低功耗性能。

性能:在 100 MHz 频率下,当 Flash 存储器执行时,STM32F411 单片机能够提供 125 DMIPS/339 CoreMark 性能,并且利用意法半导体的 ART 加速器实现了 Flash 零等待状态。DSP 指令和浮点运算单元扩大了产品的应用范围。

功效:该系列产品采用意法半导体 90 nm 工艺和 ART 加速器,具有动态功耗调整功能,能够在从 Flash 存储器执行时实现低至 100 μA/MHz 的电流消耗。停机模式下,功耗低至 10 μA。

集成度:STM32F411 单片机具有 256～512 KB 的 Flash 存储器和 128 KB 的 SRAM,STM32F411 CEU6 功能图如图 7.17 所示。提供从 49 到 100 引脚多种封装。

第 7 章　基于 STM32 平台介绍

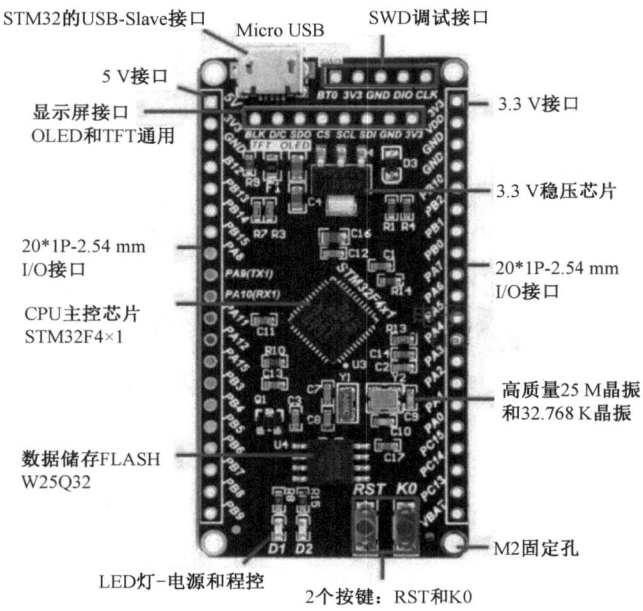

图 7.17　STM32F411 CEU6 功能图

87

第8章　MicroPython 基础知识

8.1　点亮第一个 LED

MicroPython 开发板中已经定义好了 LED 对象,我们可以直接通过 pyb.LED(n)的方式来控制 LED,序号 n 就代表了第几个 LED。LED 的序号从 1 开始,最大的序号就是开发板上 LED 的数量。不同的 MicroPython 开发板上 LED 的数量不同。我们使用的 STM32F411 CEU6 单片机上只有 1 个 LED。LED 的构造函数和使用方法如表 8.1 所示。

表 8.1　LED 对象

构造函数	说明
pyb.LED(n)	构建 LED 对象。其中,n 是编号
使用方法	说明
LED.off( )	关闭 LED
LED.on( )	打开 LED
LED.toggle( )	打开/关闭 LED 状态切换(反转)
LED.intensity([Value])	亮度调节,Value 的值范围是 0~255

点亮 LED 的程序如图 8.1 所示。

图 8.1　点亮 LED 的程序

写好程序后,将单片机连接到电脑上,单片机上的电源指示灯 D1 点亮,如图 8.2 所示。

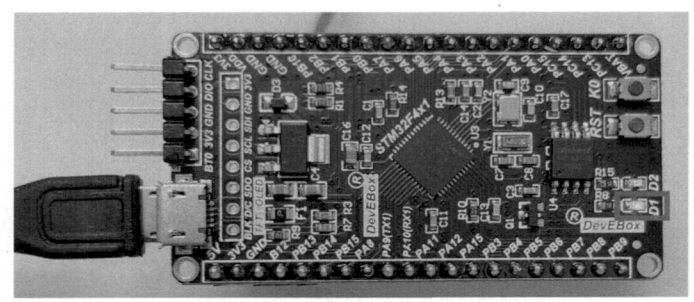

图 8.2　单片机电源指示灯 D1

单击"运行"按钮,可以看到单片机上的程序控制灯 D2 点亮(D2 即为程序中控制的 LED(1)),如图 8.3 所示。

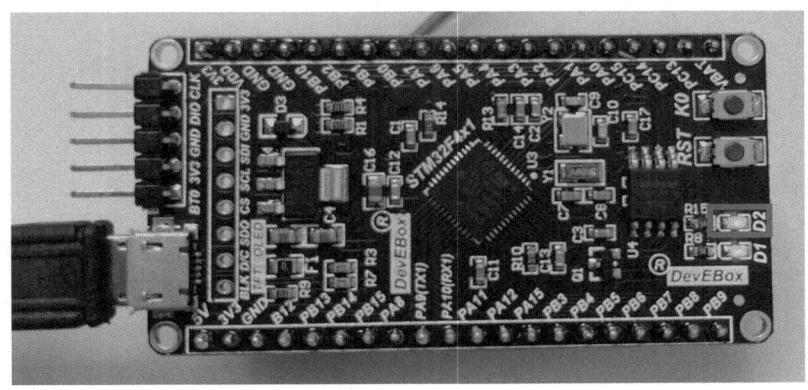

图 8.3　点亮 D2

图 8.4 所示的程序可以点亮 LED、熄灭 LED 或翻转 LED 的状态。

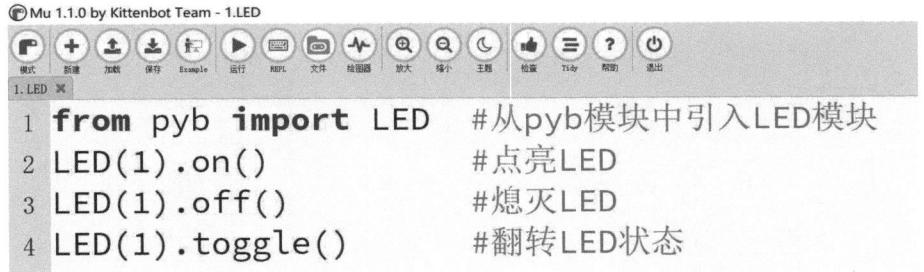

图 8.4　点亮 LED、熄灭 LED 及翻转 LED 状态的程序

8.2　LED 闪烁

要实现 LED 以固定时间来亮灭,需要用到 delay 延时函数。具体使用方法如表 8.2 所示。

表 8.2　delay 延时函数和使用方法

构造函数	说明	使用方法	说明
pyb.delay(Ms)	毫秒级延时	pyb.delay(1 000)	延时 1 000 ms
pyb.udelay(US)	微秒级延时	pyb.udelay(1 000)	延时 1 000 us

LED 闪烁的程序如图 8.5 所示。

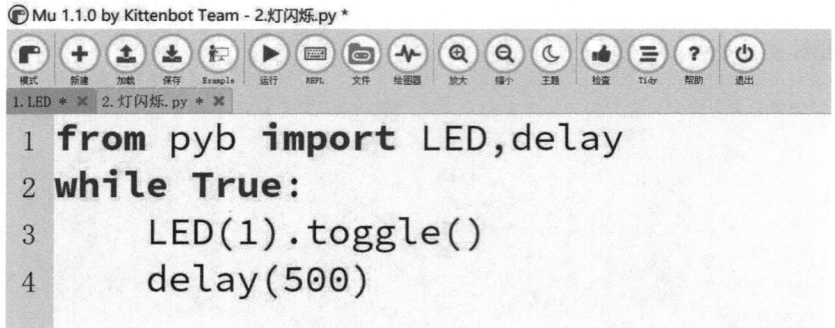

图 8.5　LED 闪烁的程序

8.3　GPIO

如图 8.6 所示,我们能看到 MicroPython 开发板上引出了非常多的引脚和 GPIO 口(General Purpose Input/Output,通用输入输出口)。前面讲的 LED 背后原理都是使用 GPIO 来实现的,只是被提前封装好了。

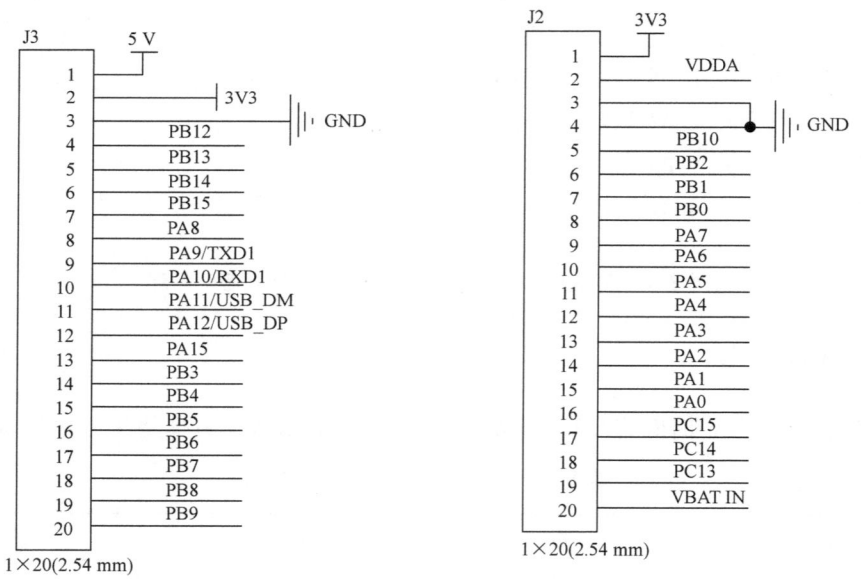

图 8.6　通用 IO 接口

基本上,单片机的每个 IO 口都可以配置特定的 GPIO 方式来进行应用。我们先来了解一下 GPIO 的构造函数和使用方法(见表 8.3)。

第8章 MicroPython 基础知识

表 8.3 GPIO 对象

构造函数	说明	使用方法	说明
pyb.Pin（id, mode, pull = Pin.PULL_NONE）	"id"　Pin 脚,如 A1,B1 "mode"Pin.IN：输入 　　　　Pin.OUT_PP：推挽输出 "pull"　Pin.PULL_NONE：没有上下拉电阻 　　　　Pin.PULL_UP：启用上拉电阻 　　　　Pin.PULL_DOWN：启用下拉电阻	Pin.high( )	引脚输出高电平
		Pin.low( )	引脚输出低电平
		Pin.Value( )	在输入模式下获取引脚电平；返回 1 或者 0

我们使用的 STM32F411 单片机程序控制 LED 为 D2,原理图如图 8.7 所示。通过原理图可以知道,要想点亮 D2,实际上就是控制单片机上的 C13 引脚为低电平。也就是说,我们可以先将 C13 引脚设为输出端口,然后通过控制 C13 引脚的高低电平来实现 D2 的亮灭。当 C13 为低电平时,D2 点亮;当 C13 为高电平时,D2 熄灭。

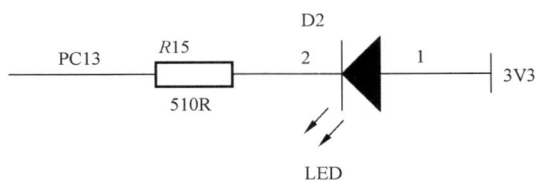

图 8.7　LED 原理图

用 GPIO 方式实现 D2 闪烁的程序如图 8.8 所示。

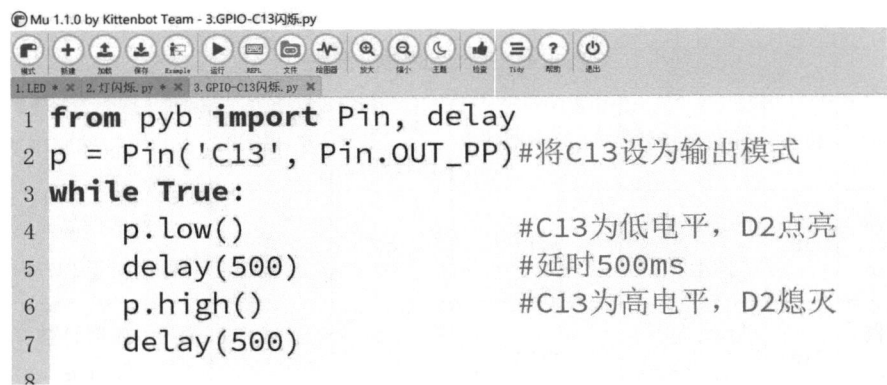

图 8.8　D2 闪烁的程序

8.4　流水灯

流水灯也叫跑马灯,就是让几个 LED 来回亮灭,达到好像流水的效果。我们已经学习过控制一个 LED 闪烁,用同样的方式可以控制几个 LED 闪烁。流水灯程序如图 8.9 所示。

```
1  from pyb import Pin, delay
2  p1 = Pin("B3", Pin.OUT_PP)
3  p2 = Pin("B4", Pin.OUT_PP)
4  p3 = Pin("B5", Pin.OUT_PP)
5  p4 = Pin("B6", Pin.OUT_PP)
6  while True:
7      p1.low()
8      delay(200)
9      p2.low()
10     delay(200)
11     p3.low()
12     delay(200)
13     p4.low()
14     delay(200)
15     p1.high()
16     p2.high()
17     p3.high()
18     p4.high()
19     delay(200)
```

图 8.9　流水灯程序

8.5　定时器

定时器就是用来定时的机器,是存在于 STM32 单片机中的一个外设。STM32 总共有 8 个定时器,分别是 2 个高级定时器(TIM1、TIM8)、4 个通用定时器(TIM2、TIM3、TIM4、TIM5)和 2 个基本定时器(TIM5、TIM6)。三种定时器的区别如表 8.4 所示。

表 8.4　三种定时器的区别

定时器种类	位数	计数器模式	产生 DMA 请求	捕获/比较通道	互补输出	特殊应用场景
高级定时器 (TIM1,TIM8)	16	向上,向下,向上/下	可以	4	有	带死区控制盒紧急刹车,可应用于 PWM 电机控制
通用定时器 (TIM2—TIM5)	16	向上,向下,向上/下	可以	4	有	通用。定时计数,PWM 输出,输入捕获,输出比较
基本定时器 (TIM6,TIM7)	16	向上,向下,向上/下	可以	0	无	主要应用于驱动 DAC

STM32F4X1 定时器引脚分布如表 8.5 所示(当使用 USB 时,PA11 已被占用)。

表 8.5　定时器引脚分布

定时器	通道 1	通道 2	通道 3	通道 4
TIM1	PA8	PA9	PA10	PA11
TIM2	PA0,PA5,PA15	PA1,PB3	PA2,PB10	PA3
TIM3	PA6,PB4	PA7,PB5	PB0	PB1
TIM4	PB6	PB7	PB8	PB9
TIM5	PA0	PA1	PA2	PA3
TIM9	PA2	PA3		
TIM10	PB8			
TIM11	PB9			

定时器是嵌入式系统中最基本的功能之一,它除了可以实现定时器功能外,还能够实现延时、PWM 输出、波形发生器、舵机控制、节拍器、周期唤醒、自动数据采集等功能。在 MicroPython 中,很多函数的功能也依赖定时器。

定时器的使用方法是先导入 Timer 模块,然后定义定时器,设置定时器 ID、频率、回调函数等参数。定时器的程序如图 8.10 所示。

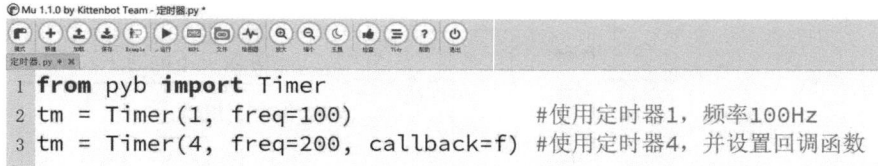

图 8.10　定时器程序

定时器用法如下。

1. 用定时器控制 LED

在前面闪灯的例子中,我们用了延时的方法。这样虽然简单,但是系统的运行效率很低,延时的时候系统不能处理其他任务。使用定时器,就可以避免这个问题。我们可以在定时器回调函数中控制 LED,执行各种功能,而平时控制器可以执行其他功能,互不影响。

在图 8.11 的代码中,首先定义定时器 1,并设置频率 1 Hz,然后在定时器 1 的回调函数中翻转 LED1,实现闪灯功能,改变定时器的频率就可以改变闪灯的速度。

电子工艺实习教程

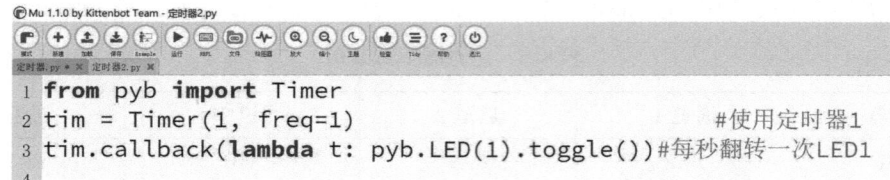

图 8.11 用定时器控制 LED 的代码

2. 通用定时器 PWM 概述

PWM 是脉冲宽度调制的缩写,它是通过对一系列脉冲的宽度进行调制,等效出所需要的波形(包含形状以及幅值),对模拟信号电平进行数字编码,也就是说通过调节占空比的变化来调节信号、能量等的变化。占空比就是指在一个周期内,信号处于高电平的时间占据整个信号周期的百分比,例如方波的占空比就是 50%。PWM 的功能有很多种,比如控制呼吸灯、控制直流电机或者舵机等驱动原件等,是单片机的一个十分重要的功能。

在大部分微控制器上,PWM 其实是定时器的一种工作模式。定时器可以控制多个通道,分别控制不同的 GPIO 输出可变频率和占空比的方波。同一个定时器下的不同 PWM 通道,频率都是相同的,但是可以分别设置不同的占空比。PWM 信号的电压调节原理如图 8.12 所示。

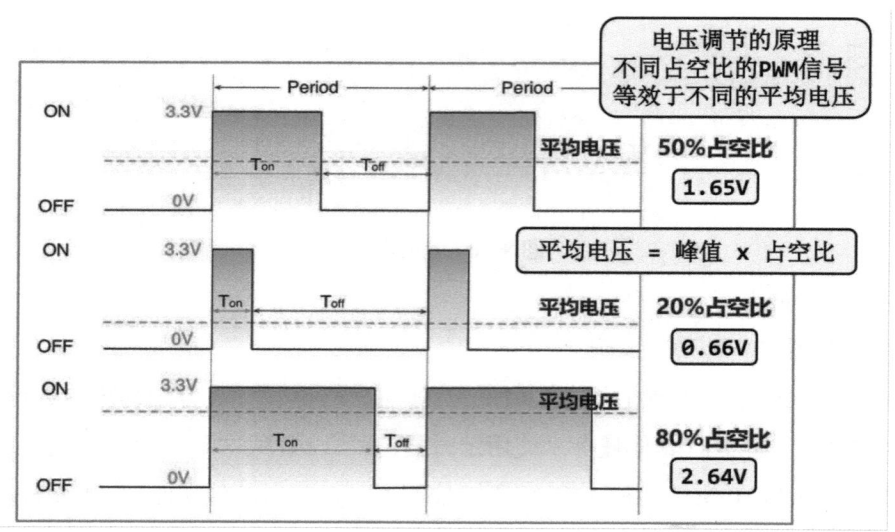

图 8.12 PWM 信号的电压调节原理

PWM 功能需要使用 Timer 和 Pin 两个模块,首先定义 Timer 并设置定时器的基本工作参数,然后指定 Timer 的通道,并设定 PWM 模式及关联的 Pin,最后设置输出脉冲宽度或者脉冲宽度百分比(占空比)。

图 8.13 所示的程序演示了使用 PWM 控制单片机上的 LED1，通过改变占空比，形成呼吸灯的效果。

```python
from pyb import Pin, Timer
import time
tim = Timer(4, freq=50)                                          #设置定时器4
p = Pin("PB6", Pin.PULL_NONE)
tim_ch1=tim.channel(1,Timer.PWM,pin=p,pulse_width_percent=0)#设置PWM通道
while True:
    for i in range(0, 100):
        tim_ch1.pulse_width_percent(i)
        time.sleep(0.01)
    for i in range(0, 100):
        tim_ch1.pulse_width_percent(100-i)
        time.sleep(0.01)
```

图 8.13　使用 PWM 控制 LED 的程序

第 9 章　MicroPython 应用

9.1　蜂鸣器

蜂鸣器是一种一体化结构的电子讯响器,采用直流电压供电,广泛应用于计算机、打印机、复印机、报警器、电子玩具、汽车电子设备、电话机、定时器等电子产品中,用作发声器件。

蜂鸣器的驱动方式可分为有源蜂鸣器(内含驱动线路)和无源蜂鸣器(外部驱动)。这里的"源"指的是激励源。蜂鸣器的发声原理由振动装置和谐振装置组成。

无源蜂鸣器内部没有激励源,只有给它一定频率的方波信号,才能让蜂鸣器的振动装置起振,从而实现发声。同时,输入的方波频率不同,发出的声音也不同(所以无源蜂鸣器可以模拟曲调,实现音乐效果)。图 9.1 为无源蜂鸣器的工作原理图。

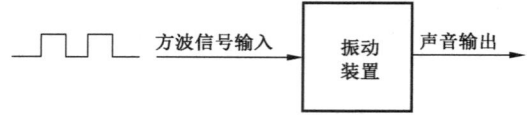

图 9.1　无源蜂鸣器工作原理图

有源蜂鸣器则不需要外部的激励源,只需要接入直流电源,即可自动发出声音(声音频率相对固定)。它的工作发声原理:直流电源输入,经过振动系统的放大取样电路在谐振装置作用下产生声音信号,如图 9.2 所示。

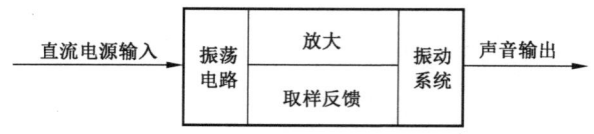

图 9.2　有源蜂鸣器工作原理图

在使用 PWM 波形驱动无源蜂鸣器发声时,PWM 的频率决定了声音的声调,而 PWM 的占空比,则决定了声音的大小。

9.2 按键

STM32F411 单片机上有 2 个按键,分别是 RST 和 USER。RST,顾名思义是复位用的,所以真正可以用的就只有 1 个按键——USER。按键原理图如图 9.3 所示。按键使用方法如表 9.1 所示。

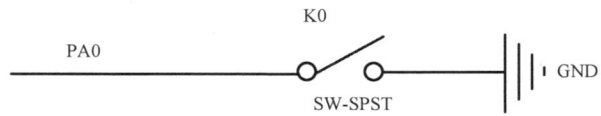

图 9.3 按键原理图

表 9.1 按键使用方法

构造函数	说明	使用方法	说明
pyb.switch( )	switch 代表了唯一的按键 USER	switch.Value( )	读取按键状态,按下返回 True,松开返回 False
		switch.callback(fun)	当按键被按下的时候执行函数 fun

可以使用 GPIO 方式,将 LED(1)即"C13"引脚配置成输出,将 USER 按键即"A0"引脚配置成输入,实现当检测到按键被按下的时候点亮 LED(1),松开时关闭 LED(1)。代码如图 9.4 所示。

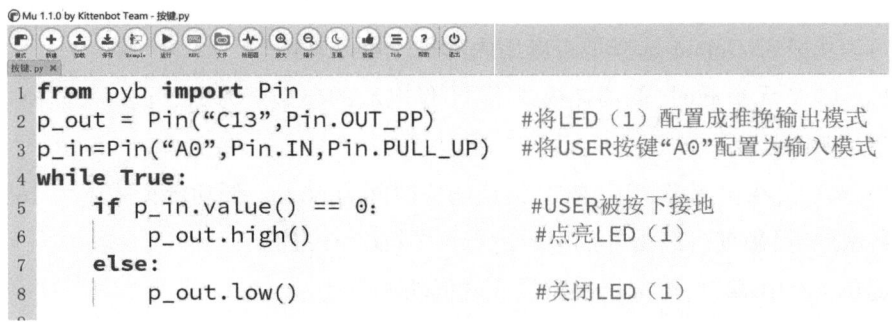

图 9.4 使用 GPIO 方法点亮、关闭 LED(1)的程序

如图 9.5 所示的程序可以实现按一次按键,LED(1)点亮,再按一次按键,LED(1)熄灭。

```
1   from pyb import Pin,delay
2   p_out=Pin("C13",Pin.OUT_PP)
3   p_in=Pin("A0",Pin.IN,Pin.PULL_UP)
4   i=0
5   while True:
6       if p_in.value()==0:
7           if p_in.value()==1:
8               i=i+1
9               print(i)
10              if i%2==1:
11                  p_out.low()
12              else:
13                  p_out.high()
```

图 9.5 按键控制 LED(1)点亮、熄灭的程序

9.3 触摸按键

触摸按键模块采用 TTP224N 芯片,它是一款使用电容式感应原理设计的触摸 IC。此款 IC 内建稳压电路给触摸感测器使用,稳定的感应方式可以应用到各种不同电子类产品。面板介质可以是完全绝缘的材料,专为取代传统的机械结构开关或普通按键而设计。提供 4 个触摸输入端口及 4 个直接输出端口。

触摸按键模块的特点如下:

(1) 工作电压 2.4~5.5 V。

(2) 可以由外部 Option 选择是否启用内部稳压电路功能。

(3) V_{DD} = 3 V 无负载时,低功耗模式下,工作电流的典型值为 2.5 μA;快速模式下,工作电流的典型值为 9 μA。

(4) V_{DD} = 3 V,在快速模式下,KEY 最快响应时间为 60 ms,低功耗模式下为 160 ms。

(5) 各 KEY 灵敏度可以由外部电容进行调节(0~50 pF)。

(6) 提供 LPMB 端口,可选择快速模式或低功耗模式。

(7) 提供直接输出模式、触发模式、开漏输出模式、CMOS 高电平有效或低电平有效输出模式,经由 TOG/AHLB/OD 端口选择。

(8) 提供两个无二极管保护的输出端口,即 TPQ0D 和 TPQ2D,仅限于低电平有效。

(9) 提供 MOT1 和 MOT0 端口选择。有效键最长输出时间:120 s/64 s/16 s/无穷大。

(10) 上电后约有 0.5 s 的系统稳定时间,其间不要触摸 Touch PAD,且触摸功能无效。

(11) 有自动校准功能,当无按键被触摸时,系统重新校准周期约为 4 s。

触摸按键原理如图 9.6 所示。图中左侧标有 1、2、3、4 的方框代表四个触摸按键,电容 C1—C4 起到调节按键灵敏度的作用。右侧 D1—D4 为四个发光二极管。当按下按键 1 时,对应输出端 OUT1 输出高电平,发光二极管 D1 点亮。同理,当按下按键 2、3、4 时,对应输出端 OUT2、OUT3、OUT4 输出高电平,D2、D3、D4 点亮。

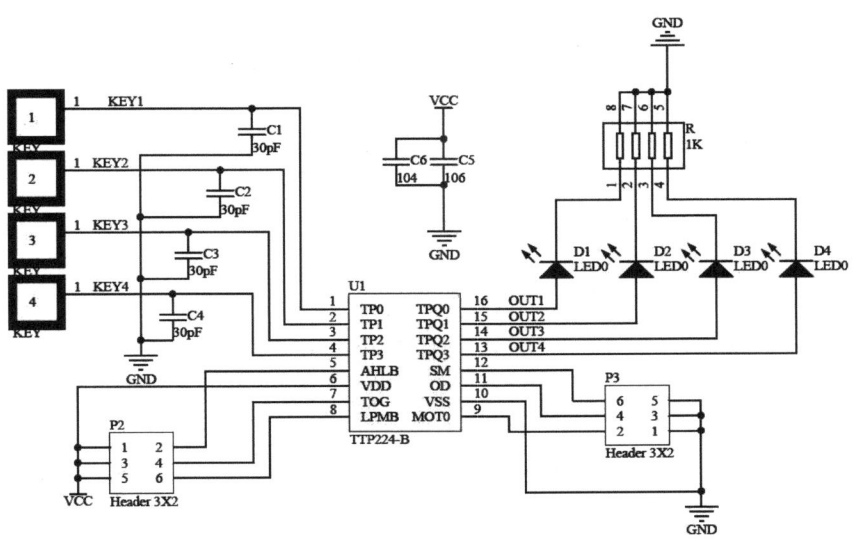

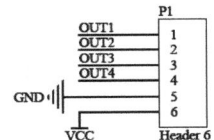

图 9.6 触摸按键原理图

触摸按键的使用方法如表 9.2 所示。

表 9.2 触摸按键使用方法

构造函数	说明	使用方法	说明
pyb.Pin(id,mode, pull=Pin.PULL_ NONE)	"id" Pin 脚,如 X1,Y1 "mode"Pin.IN:输入 "pull" Pin.PULL_NONE:没有上下拉电阻 Pin.PULL_UP:启用上拉电阻 Pin.PULL_DOWN:启用下拉电阻	Pin.high()	引脚输出高电平
		Pin.low()	引脚输出低电平
		Pin.Value()	在输入模式下获取引脚电平:返回 1 或者 0

使用触摸按键模块可以控制多个 LED 以不同的方式亮灭。图 9.7 所示的程序实现了当按下按键 1 时,LED(1)闪烁;当按下按键 2 时,LED(1)熄灭。

```
Mu 1.1.0 by Kittenbot Team - 8.触摸按键.py
8.触摸按键.py
1  from pyb import Pin,delay
2  p_out=Pin("C13",Pin.OUT_PP)
3  p1_in=Pin("A0",Pin.IN,Pin.PULL_DOWN)
4  p2_in=Pin("A1",Pin.IN,Pin.PULL_DOWN)
5  def f1():                #LED(1)闪烁
6      p_out.high()
7      delay(200)
8      p_out.low()
9      delay(200)
10 def f2():                #LED(1)熄灭
11     p_out.high()
12 while True:
13     if p1_in.value():
14         while True:
15             f1()
16             if p2_in.value():
17                 f2()
18                 break
```

图 9.7　使用触摸按键模块控制 LED 的程序

9.4　温湿度传感器 DHT11

温湿度是常见的指标,我们使用的是 DHT11 数字温湿度传感器。这是一款含有已校准数字信号输出的温湿度复合传感器,它应用专用的数字模块采集技术和温湿度传感技术,确保产品具有极高的可靠性和卓越的长期稳定性。

DHT11 具有体积小、功耗极低的特点,信号传输距离可达 20 m 以上。产品为 4 针单排引脚封装,连接方便(见图 9.8)。

图 9.8　DHT11 温湿度传感器

DHT11 虽然有 4 个引脚,但其中第 3 个引脚是悬空的。也就是说,DHT11 也是单总线的传感器,只占用一个 IO 口。DHT11 应用电路如图 9.9 所示,时序图如图 9.10 所示。

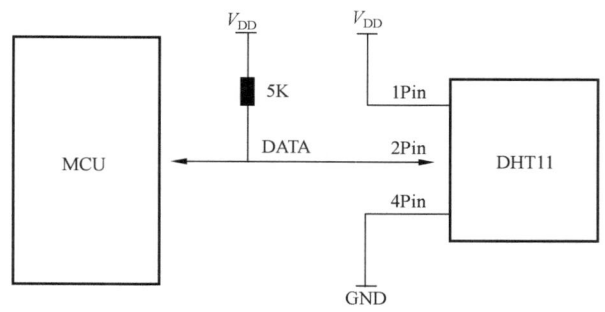

图 9.9　DHT11 应用电路

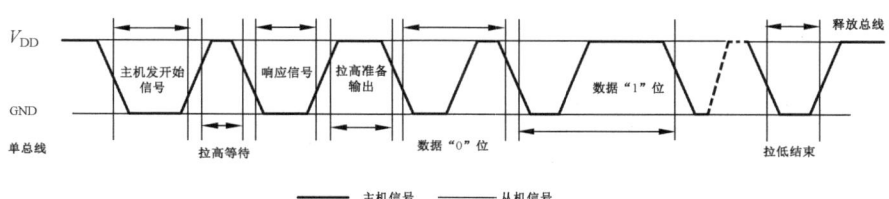

图 9.10　DHT11 时序图

DHT11 的使用方法如表 9.3 所示。

表 9.3　DHT11 使用方法

构造函数	说明	使用方法	说明
DHT11(Pin)	指定连接 DHT11 的引脚	DHT11( ).measure( )	温湿度数据测量
		DTH11( ).temperature( )	获取温度值
		DTH11( ).humidity( )	获取湿度值

使用 DHT11 采集温湿度值的程序如图 9.11 所示。

```
1  from pyb import Pin
2  from dht import DHT11
3  import time
4  d = DHT11(Pin('A0'))
5  while True:
6      d.measure()
7      w = d.temperature()
8      s = d.humidity()
9      print(w , s)
10     time.sleep(5)
```

```
Meowbit Micropython REPL
>>> 25 61
25 61
25 63
25 62
25 62
25 62
25 63
```

图 9.11　使用 DHT11 采集温湿度值的程序

在上面的程序中,我们首先导入 DHT11 模块和 Pin 模块,然后指定连接 DHT11 的 GPIO (这里是 A0 端口)。在读取参数前,需要先调用 measure( )更新数据,再使用 temperature( ) 和 humidity( )就能够返回温度和湿度参数,就可以在调试区观察到实时的温湿度值变化。

9.5　TM1638 模块

1. TM1638 模块介绍

TM1638 是带键盘扫描接口的 LED(发光二极管显示器)驱动控制专用电路,内部集成有 MCU 数字接口、数据锁存器、LED 高压驱动、键盘扫描等电路。主要应用于冰箱、空调、家庭影院等产品的高段位显示屏驱动。TM1638 模块如图 9.12 所示。

第 9 章　MicroPython 应用

图 9.12　TM1638 模块

（1）器件特性

TM1638 具有如下特性：

① 采用功率 CMOS 工艺。

② 显示模式 10 段×8 位。

③ 键扫描（8×3bit）。

④ 8 级辉度可调。

⑤ 串行接口（CLK，STB，DIO）。

⑥ 振荡方式为 RC 振荡（450 kHz+5%）。

⑦ 内置上电复位电路。

⑧ 采用 SOP28 封装。

TM1638 引脚图如图 9.13 所示。

1	K1	STB	28
2	K2	CLK	27
3	K3	DIO	26
4	VDD	GND	25
5	SEG1/KS1	GR1	24
6	SEG2/KS2	GR2	23
7	SEG3/KS3	GR3	22
8	SEG4/KS4	GR4	21
9	SEG5/KS5	GR5	20
10	SEG6/KS6	GR6	19
11	SEG7/KS7	GND	18
12	SEG8/KS8	GR7	17
13	SEG9	GR8	16
14	SEG10	VDD	15

图 9.13　TM1638 引脚图

103

(2) 引脚功能说明

① STB:片选端。在上升或下降沿初始化串行接口,随后等待接收指令。当 STB 为高时,CLK 被忽略。

② DIO:数据端。在时钟上升沿输入/输出串行数据。

③ CLK:时钟端。输入时钟信号。

④ K1—K3:键扫输入。输入该脚的数据在显示周期结束后被锁存。

⑤ SEG1/KS1—SEG8/KS8:段输出。P 管开漏输出,也用作键扫描。

⑥ SEG9、SEG10:段输出。P 管开漏输出。

⑦ GRID1—GRID8:位输出。N 管开漏输出。

⑧ VDD:电源端。

⑨ GND:接地端。

(3) 引脚定义(采用 SPI 通信协议)。

① VCC:DC-5 V。

② GND:GND。

③ STB:MOSI。

④ CLK:SCLK。

⑤ DIO:MISO。

2. TM1638 程序

一个 TM1638 模块中有 8 个 LED、8 个数码管以及 8 个按键,下面分别介绍它们的功能和程序。

(1) 数码管显示部分

数码显示的程序如图 9.14 所示。

```
1  from pyb import Pin
2  from tm1638 import TM1638
3  import time
4  stb = Pin("B14", Pin.OUT)
5  clk = Pin("B13", Pin.OUT)
6  dio = Pin("B12", Pin.OUT)
7  tm = TM1638(stb, clk, dio, brightness=5)
8  tm.hex(0x123456ab)
9  tm.show()
```

图 9.14 数码显示的程序

在上面的程序中,语句.hex()可以让数码管显示十六进制数,显示效果如图 9.15 所示。

第 9 章　MicroPython 应用

图 9.15　数码管显示十六进制数

数码管还可以任意显示数字、字母或符号，图 9.16 所示的程序可以显示数字和字母组合 2-3-4，显示效果如图 9.17 所示。

```
1  from pyb import Pin
2  from tm1638 import TM1638
3  import time
4  stb = Pin("B14", Pin.OUT)
5  clk = Pin("B13", Pin.OUT)
6  dio = Pin("B12", Pin.OUT)
7  tm = TM1638(stb, clk, dio, brightness=1)
8  tm.leds(0xFF)
9  while True:
10     xx1 = str(2)
11     xx2 = str(3)
12     xx3 = str(4)
13     xx = xx1 + "-" + xx2 + "-" + xx3
14     tm.show(xx)
15     time.sleep(1)
16     #print(xx)
```

```
Meowbit Micropython REPL
MicroPython v1.12-357-g740946736-dirty on 2020-1
Type "help()" for more information.
>>> print(xx)
2-3-4
>>>
```

图 9.16　显示数字和字母组合的程序

105

图 9.17 数码管显示 2-3-4

（2）LED 部分

TM1638 模块中有 8 个 LED,可以编写程序同时点亮 1 个或多个 LED(见图 9.18)。

```
1  from pyb import Pin
2  from tm1638 import TM1638
3  import time
4  stb = Pin("B14", Pin.OUT)
5  clk = Pin("B13", Pin.OUT)
6  dio = Pin("B12", Pin.OUT)
7  tm = TM1638(stb, clk, dio, brightness=5)
8  tm.leds(0xff)
9  tm.show()
```

图 9.18 点亮 LED 的程序

上面的程序中,语句.led s( )可以点亮 1 个或多个 LED。.led s(0xff)点亮 8 个 LED,显示效果如图 9.19 所示。

第 9 章　MicroPython 应用

图 9.19　LED 灯全亮效果

点亮不同 LED 对应的十六进制数如图 9.20 所示。

图 9.20　点亮不同 LED 对应的十六进制数

（3）按键部分

TM1638 模块中有 8 个按键,如图 9.21 所示的程序可以实现按下按键,对应的 LED 点亮。如按下按键 1,LED(1)点亮;按下按键 2,LED(2)点亮……

```
from pyb import Pin
from tm1638 import TM1638
import time
stb = Pin("B14", Pin.OUT)
clk = Pin("B13", Pin.OUT)
dio = Pin("B12", Pin.OUT)
tm = TM1638(stb, clk, dio, brightness=5)
while True:
    button = tm.keys()
    print(button)
    if button==1:       #S1
        tm.leds(0x01)#led1

    if button==2:       #S2
        tm.leds(0x02)#led2

    if button==4:       #S3
        tm.leds(0x04)#led3

    if button==8:       #S4
        tm.leds(0x08)#led4

    if button==16:      #S5
        tm.leds(0x10)#led5

    if button==32:      #S6
        tm.leds(0x20)#led6

    if button==64:      #S7
        tm.leds(0x40)#led7

    if button==128:     #S8
        tm.leds(0x80)#led8
```

图 9.21　按下按键,对应的 LED 点亮的程序

（4）显示时间

使用 TM1638 模块可以显示时间,可以把它当作电子时钟使用。程序如图 9.22 所示。

```
from pyb import Pin, RTC
from tm1638 import TM1638
import time
stb = Pin("B14", Pin.OUT)
clk = Pin("B13", Pin.OUT)
dio = Pin("B12", Pin.OUT)
tm = TM1638(stb, clk, dio, brightness=6)
tm.leds(0xFF)
rtc = RTC()
rtc.datetime((2020, 03, 24, 02, 12, 32, 32, 0))#年月日星期（1-7）时分秒亚秒
while True:
    #buf1 = rtc.datetime()
    buf1 = time.localtime()#年月日时分秒星期（0-6）亚秒
    xx1 = str(buf1[3])#时间值转换为字符串
    xx2 = str(buf1[4])#分值转换为字符串
    xx3 = str(buf1[5])#秒值转换为字符串
    xx1 = "{0:0>2}".format(xx1)#字符串右对齐,左边补 0
    xx2 = "{0:0>2}".format(xx2)
    xx3 = "{0:0>2}".format(xx3)
    xx = xx1 + "-" + xx2 + "-" + xx3
    tm.show(xx)
    time.sleep(1)
```

图 9.22　显示时间的程序

第 9 章　MicroPython 应用

9.6　点阵模块

LED 点阵模块指的是利用封装 8×8 的模块组合点元板形成模块,常用于户外门头单红屏、户外全彩屏、室内全彩屏等。LED 点阵显示模块可显示汉字、图形、动画及英文字符等,显示方式有静态、横向滚动、垂直滚动和翻页显示等(见图 9.23)。

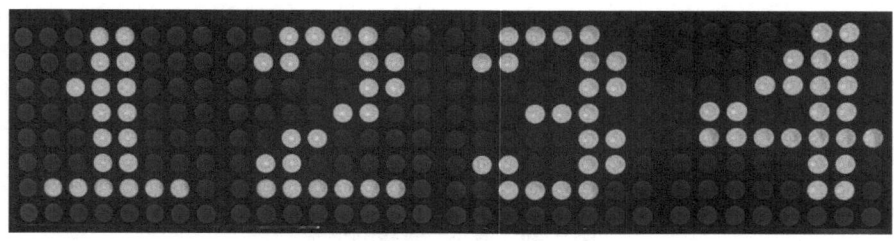

图 9.23　点阵显示模块

使用点阵模块可以显示一个点、一条线、数字或字母,下面分别介绍显示程序。

1. 显示一个点

在图 9.24 的程序中,语句.pixel(0,0,1)可以实现显示一个点。括号中,第一个 0 代表显示点的列坐标,第二个 0 代表显示点的行坐标,数字 1 表示将这个点显示出来。显示效果如图 9.25 所示。

```
1  from pyb import SPI,Pin
2  from max7219 import Matrix8x8
3  spi=SPI(2,SPI.MASTER,baudrate=1000000,polarity=1,phase=0,bits=8,firstbit=SPI.MSB)
4  cs=Pin("B12",Pin.OUT)      #DIN——B15;CLK——B13;CS——B12
5  d=Matrix8x8(spi,cs,1)      #数字"1"代表使用1块点阵模块
6  d.brightness(1)            #点阵亮度
7  while True:
8      d.pixel(0,0,1)
9      d.show()
```

图 9.24　显示一个点的程序

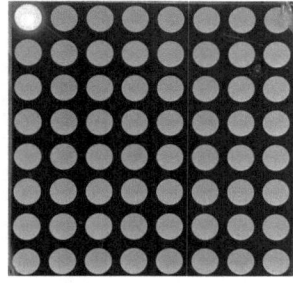

图 9.25　点阵模块显示坐标为(0,0)的一个点

109

2. 显示一条线

在图 9.26 的程序中，语句.line(0,0,7,0,1)可以实现显示一条线。括号中，前两个数字"0,0"代表起始点的坐标，后面的"7,0"代表终止点的坐标，数字 1 表示将这条线显示出来。显示效果如图 9.27 所示。

```python
from pyb import SPI,Pin
from max7219 import Matrix8x8
spi=SPI(2,SPI.MASTER,baudrate=1000000,polarity=1,phase=0,bits=8,firstbit=SPI.MSB)
cs=Pin("B12",Pin.OUT)    #DIN——B15;CLK——B13;CS——B12
d=Matrix8x8(spi,cs,1)    #数字"1"代表使用1块点阵模块
d.brightness(1)          #点阵亮度
while True:
    d.line(0,0,7,0,1)
    d.show()
```

图 9.26 显示一条线的程序

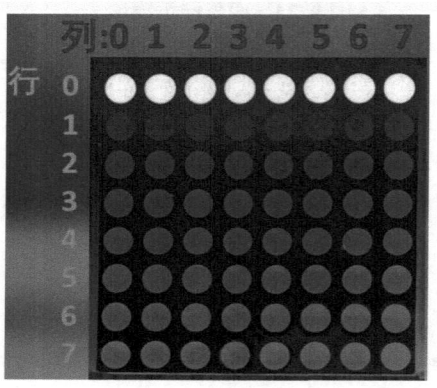

图 9.27 显示一条线

3. 显示数字或字母

在图 9.28 的程序中，语句.text('7',0,0,1)可以实现显示一个数字 7。括号中，'7'表示显示的数字(如果想显示字母，只需将引号中的数字改为字母即可)，数字"0,0"表示显示数字的坐标，数字 1 表示将这个数字显示出来。显示效果如图 9.29 所示。

```python
from pyb import SPI,Pin
from max7219 import Matrix8x8
spi=SPI(2,SPI.MASTER,baudrate=1000000,polarity=1,phase=0,bits=8,firstbit=SPI.MSB)
cs=Pin("B12",Pin.OUT)    #DIN——B15;CLK——B13;CS——B12
d=Matrix8x8(spi,cs,1)    #数字"1"代表使用1块点阵模块
d.brightness(1)          #点阵亮度
while True:
    d.text('7',0,0,1)
    #d.text('C',0,0,1)
    d.show()
```

图 9.28 显示数字的程序

第 9 章　MicroPython 应用

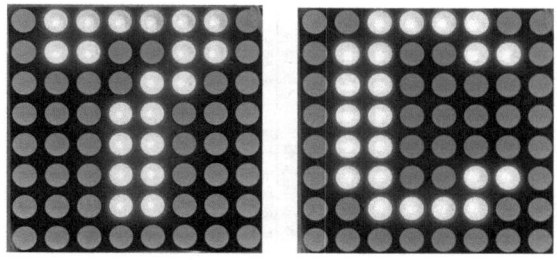

图 9.29　显示数字

点阵模块可以级联,也可以显示点、线、数字、字母等,还可以显示空心矩形框或实心矩形框。下面是 4 块点阵模块级联的显示程序和效果,如图 9.30 所示。

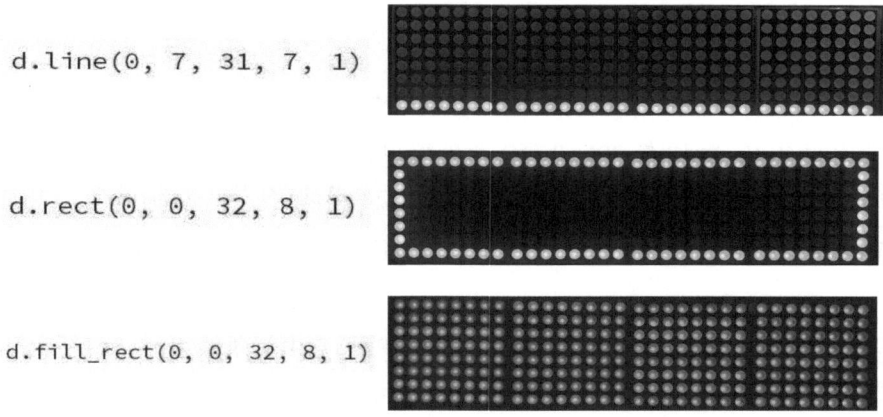

图 9.30　4 块点阵模块级联显示效果

9.7　OLED 模块

OLED(organic light-emitting diode),又称为有机电激光显示、有机发光半导体。OLED 是很常用的电子元件,它的特性是自己发光,不需要背光,因此可视度和亮度均高。它体积小、接口简单、功耗低、反应快、重量轻、厚度薄、构造简单、成本低、显示效果好,因此在 DIY、创客制作、电子竞赛中广泛应用。OLED 的原理图如图 9.31 所示。

111

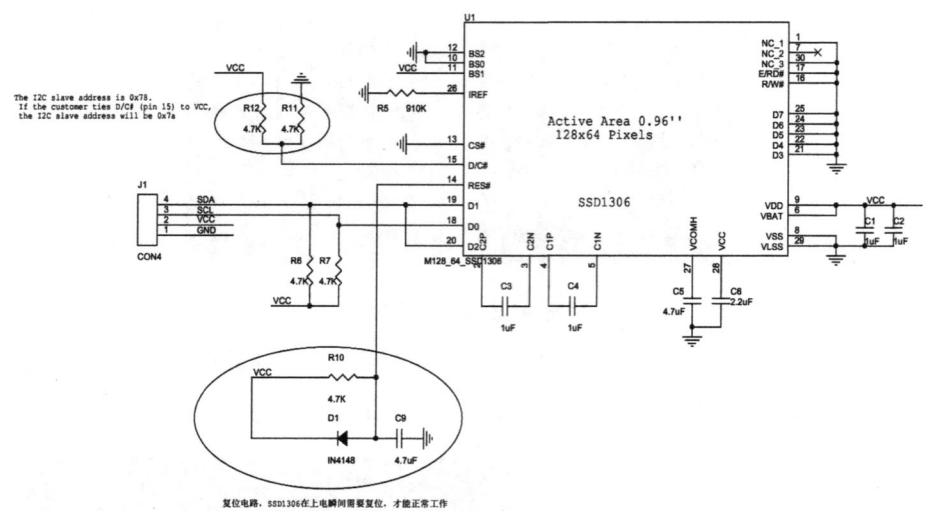

图 9.31　OLED 原理图

现在常用的 OLED 模块有 SPI 和 I2C 两种接口,它们的功能相同,只是接口方式有些不一样。SPI 有 6 线和 7 线两种,而 I2C 接口只使用了 4 根线,使用上更加方便。下面以 I2C 接口的 OLED 为例进行介绍,SPI 接口的使用方法相同,只是在程序中定义接口时改为 SPI 方式。

I2C 是用于设备之间通信的双线协议,在物理层面,它由 2 条线组成:SCL 和 SDA,分别是时钟线和数据线。也就是说,不同设备间通过这两根线就可以进行通信。

要驱动 OLED,需要 OLED 的库函数,在 ssd1306.py 文件里面。首先,将 ssd1306.py 文件复制到单片机中,然后在 main.py 里面调用函数即可。将 OLED 的 I2C 接口连接到单片机的两个 IO 口上,通过软件 I2C 驱动。

先通过一个简单的程序介绍 OLED 的基本使用方法,如图 9.32 所示。

```
from machine import I2C
i2c=machine.I2C(-1, sda=machine.Pin("PB12"), scl=machine.Pin("PB13"), freq=400000)
from ssd1306 import SSD1306_I2C
oled = SSD1306_I2C(128, 64, i2c)
oled.text("Hello YSU", 0, 0)
oled.show()
```

图 9.32　OLED 使用程序

显示效果如图 9.33 所示。

图 9.33　OLED 显示"Hello YSU"

在图 9.32 的程序中,首先需要定义一个 I2C 对象,它将作为 OLED 函数的一个参数。然后导入 ssd1306_I2C 模块(如果是 SPI 接口,就是导入 ssd1306_SPI 模块)。

下一步是定义 OLED 对象,定义后就可以在 OLED 上显示文字、画线了。注意:调用 oled.text( )等函数后,OLED 上不会直接更新和显示出变化,还需要调用 oled show( )函数,这样才能更新显示内容。

1. OLED 模块的功能函数

(1) OLED.pixel(x, y, c)

此函数为画点。(x,y)是点阵的坐标,不能超过屏幕的范围。c 代表颜色,因为是单色屏,所以 0 代表不显示,大于 0 代表显示。

(2) OLED.fill(c)

此函数为用颜色 c 填充整个屏幕(清屏)。

(3) OLED.scroll(dx, dy)

此函数为移动显示区域。dx/dy 代表 x/y 方向的移动距离,可以是负数。

(4) OLED.text(string, x, y, c=1)

此函数为在(x,y)处显示字符串,颜色是 c。注意:使用 text( )函数时,字符串的字体是 8×8 点阵的,暂时不支持其他字体,也不支持中文。如果需要使用其他字体和显示中文,可以用 pixel( )函数和小字模实现。

(5) OLED.show( )

此函数为更新 OLED 显示内容。调用此函数后,数据实际上是先写入缓冲区的,只有调用 show( )函数后,才会将缓冲区的内容更新到屏幕上。

除了上面这些基本函数外,还可以从 framebuf 模块中继承一些有用的函数。

① OLED.framebuf.line(x1,y1,x2,y2,c),画直线。

② OLED.framebuf.htine(x,y,w,c),画水平直线。

③ OLED.framebuf.vline(x,y,w,c),画垂直直线。

④ OLED.framebuf.fill_rect(x,y,w,h,c),画填充矩形。

⑤ OLED.framebuf.rect(x,y,w,h,c),画空心矩形。

如果还需要更多的功能(如画圆、三角形、显示 bmp 图形和汉字),可以通过这些基本函数组合去实现。

2. OLED 显示汉字

OLED 显示汉字需要配合取模软件使用。首先,双击打开取模软件 PCtoLCD2002,点击菜单栏中的"选项",按图 9.34 进行设置。

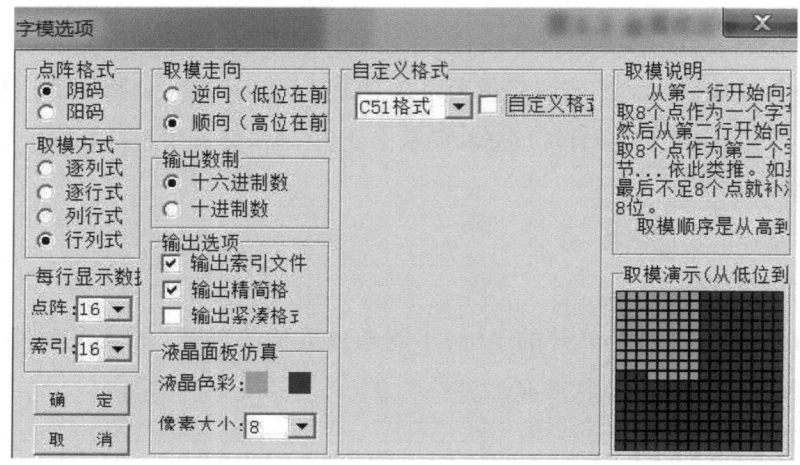

图 9.34　字模选项设置

(注:此图即软件设置截图,软件本身文字显示不全)

设置完成后,在输入框中输入汉字,点击"生成字模",在下方会生成对应汉字的字库(见图 9.35)。将该字库信息复制到程序中,则可在 OLED 显示屏上显示相应的汉字。

第 9 章　MicroPython 应用

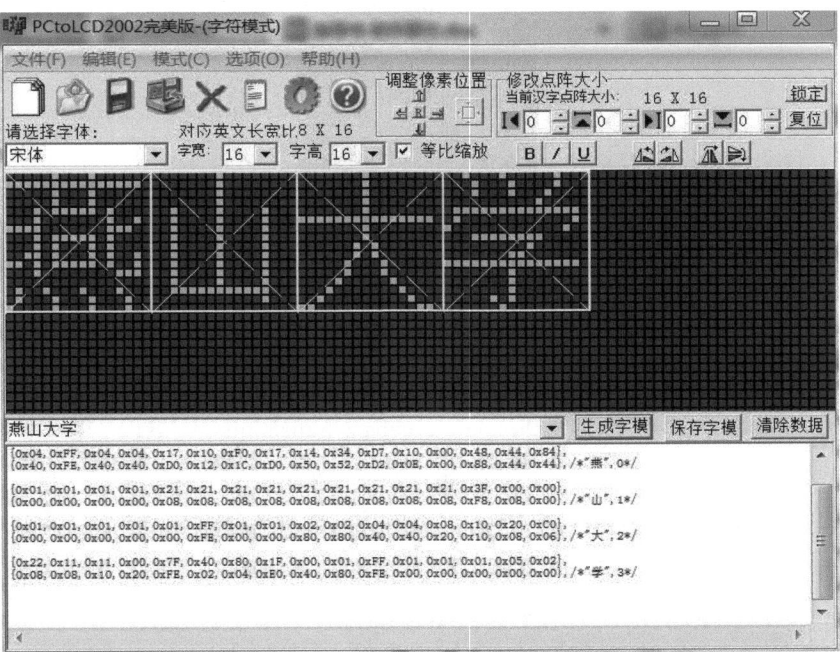

图 9.35　生成字模

显示汉字的程序如图 9.36 所示，显示效果如图 9.37 所示。

图 9.36　显示汉字的程序

图 9.37　OLED 显示汉字

9.8　UART

通用异步收发器(universal asynchronous receiver/transmitter,UART),是一种串行、异步、全双工的通信协议,在嵌入式领域应用得非常广泛。

UART 作为异步串行通信协议的一种,工作原理是将传输数据的每个二进制位一位接一位地传输。在 UART 通信协议中,信号线上的状态为高电平时,代表"1";信号线上的状态为低电平时,代表"0"。比如,使用 UART 通信协议进行一个字节数据的传输时,就是在信号线上产生八个高低电平的组合。

串行通信是指利用一条传输线将数据一位一位地按顺序传送,也可以用两个信号线组成全双工通信,如 RS232。其特点是通信线路简单,利用简单的线缆就可实现通信,成本低,适用于远距离通信,但传输速度慢的应用场合。

异步通信以一个字符为传输单位,通信中两个字符间的时间间隔是不固定的,然而在同一个字符中的两个相邻位间的时间间隔是固定的。通俗地说,是两个 UART 设备之间通信的时候不需要时钟线,这时就需要在两个 UART 设备上指定相同的传输速率,以及空闲位、起始位、校验位、结束位,也就是遵循相同的协议。

数据传输速率使用波特率来表示,单位 bps(bitsper second)。常见的波特率有 9 600、115 200 等,其他标准的波特率有 1 200、2 400、4 800、19 200、38 400、57 600。

UART 串口引脚定义:

UART1:TX-PA9,RX-PA10;

UART2:TX-PA2,RX-PA3。

可以用一个 USB 转 TTL 工具,配合电脑上位机串口助手来跟 MicroPython 开发板模拟通信(见图 9.38)。

第 9 章 MicroPython 应用

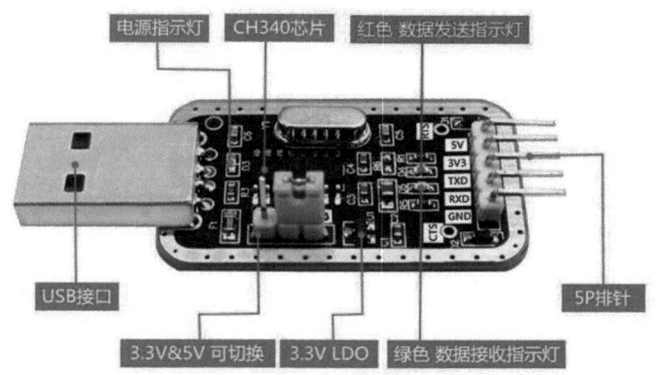

图 9.38 常用 USB 转串口工具 CH340

将 USB 转串口 TTL 工具 CH340 和单片机串口 1,也就是 A9(TX)和 A10(RX)连接起来,接线示意图如图 9.39 所示。

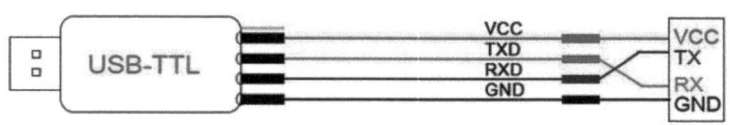

图 9.39 串口接线图

UART 常用语句如图 9.40 所示。

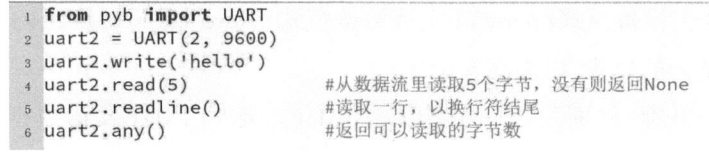

图 9.40 UART 常用语句

9.9 蓝牙模块

1. 蓝牙概述

蓝牙(Bluetooth)是一种用于无线通信的技术标准,允许设备在短距离内进行数据交换和通信。它是由爱立信(Ericsson)公司在 1994 年推出的,以取代传统的有线连接方式,使设备之间能够实现低功耗、低成本的数据传输和通信。

蓝牙技术的特点如下:

(1) 无线通信:蓝牙允许设备在近距离内(通常是 10 m 左右,具体取决于设备版本)进行通信,无须使用电缆或其他物理连接。

117

（2）低功耗：蓝牙技术被设计为低功耗的通信方式，这使得它在移动设备上广泛使用，如智能手机、平板电脑、蓝牙耳机等。

（3）多设备连接：蓝牙允许一个主设备（如手机）同时连接多个从设备（如蓝牙耳机、蓝牙音箱等），实现更灵活的数据传输和通信。

（4）通用性：蓝牙技术在许多设备和应用中得到广泛应用，例如无线耳机、键盘、鼠标、汽车蓝牙连接、智能家居设备等。

（5）安全性：蓝牙技术在不断发展和改进中，以提高其安全性，防止未经授权的访问和数据泄露。

蓝牙技术在不同的版本中有不同的特性和功能，从经典蓝牙（bluetooth classic）到低功耗蓝牙（bluetooth low energy，BLE），每个版本都针对不同的应用场景和需求。

2. HC-05/HC-06 蓝牙模块介绍

HC-05 和 HC-06 是两种广泛使用的经典蓝牙模块，常用于与单片机进行无线通信。它们基于蓝牙 2.0 标准，支持串口通信（UART）协议，使得与单片机的连接和数据交换相对简单。它们都具有基本的通信范围，通常在 10 m 左右。

它们在设计和功能上有一些区别。下面分别对它们进行详细讲解。

（1）HC-05 蓝牙模块

HC-05 是一款功能强大的经典蓝牙模块（见图 9.41），由爱信电子（EGBT）生产。它基于蓝牙 2.0 标准，支持多种传输协议，包括串口通信（UART）和蓝牙 SPP（串口通信）。

HC-05 可以在主设备模式（master）或从设备模式（slave）之间切换，具有较高的灵活性。它支持蓝牙连接密码的设置，以提高安全性。

HC-05 有 6 个引脚，分别是 VCC（供电）、GND（接地）、TXD（发送数据）、RXD（接收数据）、STATE（状态）和 EN（使能）。STATE 引脚可用于检测连接状态和模块工作模式。

HC-05 可以通过 AT 指令进行配置和控制，例如更改蓝牙名称、波特率、配对密码等。

图 9.41　HC-05 蓝牙模块

模块默认波特率为 9 600，默认配对密码为 1234，默认名称为 HC-05，AT 模式波特率固定为 38 400,8 位数据位、1 位停止位,无奇偶校验的通信格式。

HG-05 蓝牙模块 AT 指令集如下:

① 发送 AT\r\n,回复 OK。

② 发送 AT+UART?\r\n,回复+UART9600,0,0。

③ 发送 AT+UART=115200,0,0\r\n,回复 OK,即为波特率配置成功。配置一次,需带电重启一次。

④ AT+NAME="×××",修改蓝牙模块名称为×××。

⑤ AT+ROLE=0,蓝牙模式为从模式。

⑥ AT+CMODE=1,蓝牙连接模式为任意地址连接模式,也就是说,该模块可以被任意蓝牙设备连接。

⑦ AT+PSWD=1234,蓝牙配对密码为 1234。

⑧ AT+UART=9600,0,0,蓝牙通信串口波特率为 9 600,停止位 1 位,无校验位。

(2) HC-06 蓝牙模块

HC-06 是另一款常见的经典蓝牙模块,也由爱信电子生产(见图 9.42)。与 HC-05 相比,HC-06 相对简化,主要用于从设备模式(slave)。它仅支持蓝牙 SPP(串口通信)协议,无法切换到主设备模式。

HC-06 有 4 个引脚,分别是 VCC(供电)、GND(接地)、TXD(发送数据)和 RXD(接收数据)。它没有 STATE 和 EN 引脚,因此无法提供与连接状态和工作模式相关的信息。HC-06 可以直接与其他主设备(如智能手机或电脑)进行配对和通信。类似于 HC-05,HC-06 也可以通过 AT 指令进行配置,例如更改蓝牙名称和配对密码。

图 9.42　HC-06 蓝牙模块

HC-06 蓝牙模块 AT 指令集如表 9.4 所示。

表 9.4　HC-06 蓝牙模块 AT 指令集

AT 指令	终端返回信息	功能描述
AT	OK	确认连接状态
AT+VERSION	OK linvorvV1.8	查看软件版本号
AT+NAME×××	OK setname	设置蓝牙名称为×××
AT+PIN××××	OK setPIN	设定密码为××××
AT+BAUD1	OK 1200	将波特率设置为 1 200
AT+BAUD2	OK 2400	将波特率设置为 2 400
AT+BAUD3	OK 4800	将波特率设置为 4 800
AT+BAUD4	OK 9600	将波特率设置为 9 600
AT+BAUD5	OK 19200	将波特率设置为 19 200
AT+BAUD6	OK 38400	将波特率设置为 38 400
AT+BAUD7	OK 57600	将波特率设置为 57 600
AT+BAUD8	OK 115200	将波特率设置为 115 200

（3）HC-05/HC-06 区别

① 工作模式

HC-05 模块可以在主设备模式（master）或从设备模式（slave）之间切换，这意味着它可以充当蓝牙主设备与其他从设备建立连接，也可以作为从设备接受来自主设备的连接请求。

HC-06 模块主要用作从设备模式（slave）。它无法切换为主设备模式，只能接受来自主设备的连接请求。

② 支持的协议

HC-05 模块支持多种传输协议，包括串口通信（UART）和蓝牙 SPP（串口通信）协议。它可以通过这些协议与其他设备进行数据传输和通信。

HC-06 模块仅支持蓝牙 SPP（串口通信）协议。它没有 UART 传输协议的支持，因此在使用 HC-06 与其他设备通信时，需要通过串口进行数据传输。

③ 引脚和功能

HC-05 模块有 6 个引脚，分别是 VCC（供电）、GND（接地）、TXD（发送数据）、RXD（接收数据）、STATE（状态）和 EN（使能）。STATE 引脚可以用于检测连接状态和模块工作模式。

HC-06 模块相对简化，只有 4 个引脚，分别是 VCC（供电）、GND（接地）、TXD（发送数据）和 RXD（接收数据）。它没有 STATE 和 EN 引脚，因此无法提供与连接状态和工作模式相关的信息。

④ 应用场景

由于 HC-05 支持主设备模式和多种传输协议,它在作为主设备连接其他从设备的应用中较为常见。它适用于需要灵活控制连接的项目。

HC-06 主要用作从设备,适用于接受来自主设备连接的应用。它适合简单的蓝牙串口通信场景。

根据具体的应用需求来选择使用 HC-05 还是 HC-06。如果需要主设备模式、多种传输协议的支持以及与其他设备的灵活连接,HC-05 可能是更好的选择。如果只需要设备模式和蓝牙串口通信功能,HC-06 就可以满足需求。

3. 蓝牙模块的设置

(1) 将 CH340 和蓝牙模块连接起来,连线如图 9.43 所示。

HC-05 蓝牙模块	CH340
RXD	TXD
TXD	RXD
VCC	5V
GND	GND

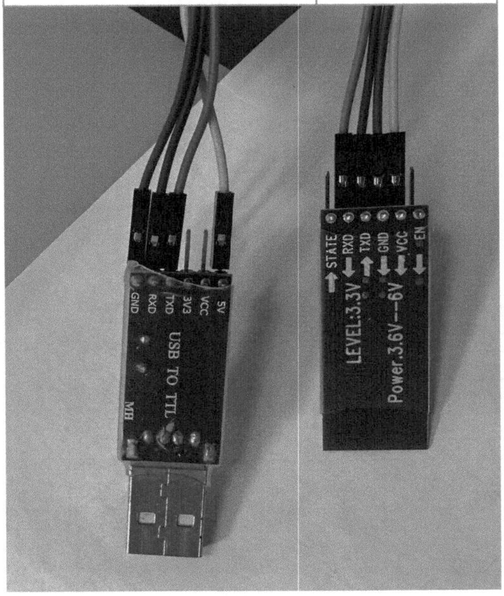

图 9.43　CH340 和蓝牙模块连接

(2) 将 CH340 插到电脑上,右击"我的电脑",打开"设备管理器—端口",能看到端口列表下出现 USB-SERIAL CH340,则说明连接成功,如图 9.44 所示。注意:如果 CH340 驱动没安装,则需要手动安装。

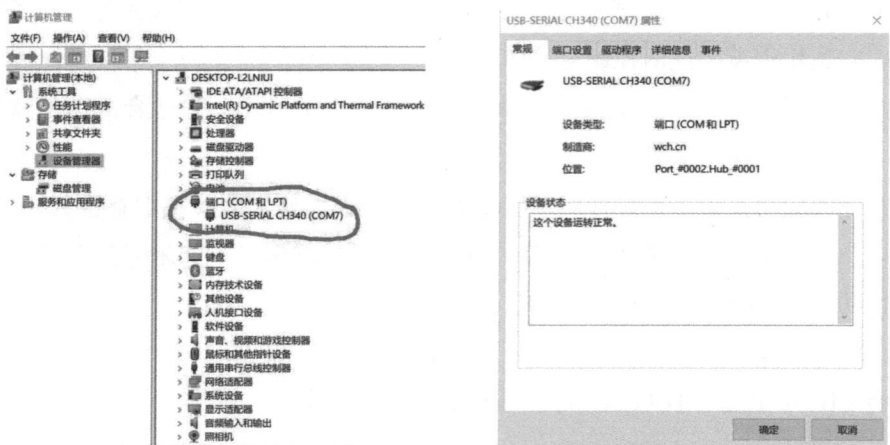

图 9.44　查看设备管理器

（3）打开串口调试助手,在左下方"端口号"处选择 USB-SERIAL CH340,然后点击"打开串口"（见图 9.45）。

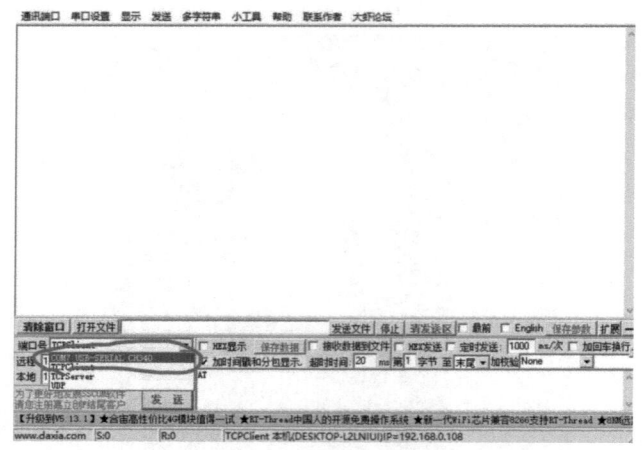

图 9.45　打开串口调试助手

（4）输入 AT 加"回车",点击"发送",串口返回"OK",说明蓝牙模块通信正常,可以开始设置蓝牙。

设置蓝牙名称:"AT+NAME=YSU"加"回车",返回"OK",则蓝牙名称为 YSU。

查询蓝牙名称:"AT+NAME?"加"回车",返回"NAME:YSU"。

设置连接密码:"AT+PSWD=1234"加"回车",返回"OK",则密码为 1234。

查询密码:"AT+PSWD?"加"回车",返回"PSWD:1234"。

设置波特率为115 200："AT+UART=115 200,1,0"加"回车",返回"OK",则波特率为115 200。

查询波特率："AT+UART?"加"回车"。

注意：所有的设置成功都是以返回"OK"结束的,否则就是没有设置成功,并且所有的指令后面都要加"回车"。

4. STM32 单片机与 HC-05 蓝牙模块通信

(1) 将单片机和蓝牙模块连接起来,连线如图 9.46 所示。

HC-05 蓝牙模块	单片机
RXD	PA9（TX1）
TXD	PA10（RX1）
VCC	5 V
GND	GND

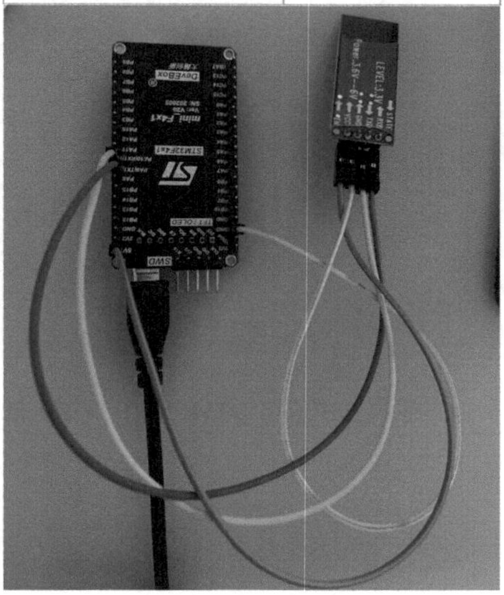

图 9.46　蓝牙与单片机连接

(2) 在安卓手机上下载"蓝牙串口"App,打开 App,选择之前设置好名称的蓝牙设备,输入密码,蓝牙配对成功。

(3) 执行图 9.47 的程序,然后用手机上的"蓝牙串口"App 发送字母或数字,则在 MU 软件的调试区会出现相应的字母或数字(见图 9.48)。

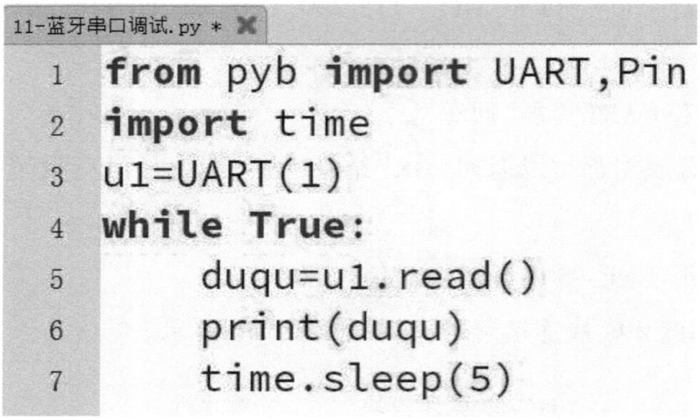

图 9.47 蓝牙和调试

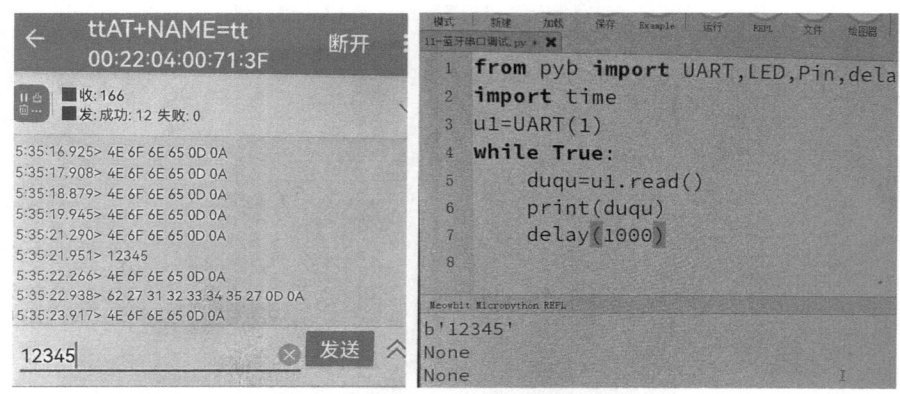

图 9.48 手机发送数字"12345"并在调试区显示

9.10 直流电机

1. 普通直流电机

普通直流电机(见图 9.49)是我们平时见得比较多的电机,电动玩具、剃须刀等里面都有。普通直流电机一般只有两个引脚,用电池的正负极接上两个引脚就会转起来,然后电池的正负极再相反地接在两引脚上,电机会反向转。这种电机有转速过快、扭力过小的特点,一般不直接用在智能小车上。

图 9.49　普通直流电机

2. 直流减速电机

直流减速电机(见图 9.50)即齿轮减速电机,是在普通直流电机的基础上加上配套齿轮减速箱。齿轮减速箱的作用是提供较低的转速、较大的力矩。同时,齿轮箱不同的减速比可以提供不同的转速和力矩,这大大提高了直流电机在自动化行业中的使用率。直流减速电机广泛应用于钢铁、机械等行业。使用直流减速电机的优点是简化设计、节省空间。

当前,在世界微型减速电机和直流减速电机市场上,德、法、英、美、中、韩等国保持领先水平。中国微型减速电机以及直流减速电机产业创建于 20 世纪 50 年代,从为满足武器装备配套需要开始,历经仿制、自行设计、研究开发、规模制造阶段,已形成产品开发、规模化生产、关键零部件、关键材料、专用制造设备、测试仪器等配套完整、国际化程度不断提高的产业体系。

图 9.50　直流减速电机

9.11　L298N 电机驱动模块

由于 STM32 单片机不能直接输出较大电压和电流,所以需要借助驱动模块来控制电机。使用 L298N 电机驱动模块来驱动电机,当然也可以使用 TB6612、L293D、ULN2003 等电机驱动模块。

L298N 是专用驱动集成电路,属于 H 桥集成电路,与 L293D 的差别是输出电流较大,功率较大。其输出电流为 2 A,最高电流 4 A,最高工作电压 50 V,可以驱动感性负载,如大功率直流电机、步进电机、电磁阀等,特别是其输入端可以与单片机直接相连,从而很方便地受单片机控制。当驱动直流电机时,可以直接控制步进电机,并可以实现电机的正转和反转。实现此功能只需要改变输入端的逻辑电平。为了避免电机对单片机的干扰,本模块加入光耦,进行光电隔离,从而使系统能够稳定可靠地工作。

L298N 就是 L298 的立式封装,是一款可接受高电压、大电流双路全桥式电机驱动芯片。工作电压可达 46 V,输出电流最高可至 4 A,采用 Multiwatt 15 脚封装,接受标准 TTL 逻辑电平信号,具有两个使能控制端。在不受输入信号影响的情况下,通过板载跳帽插拔的方式动态调整电路运作方式。有一个逻辑电源输入端,通过内置的稳压芯片 78MO5,使内部逻辑电路部分在低电压下工作,也可以对外输出逻辑电压 5 V。为了避免稳压芯片损坏,当使用大于 12 V 的驱动电压时,务必使用外置的 5 V 接口独立供电。

L298N 通过控制主控芯片上的 I/O 输入端,直接通过电源来调节输出电压,即可实现电机的正转、反转、停止。由于电路简单、使用方便,通常情况下,L298N 可直接驱动继电器(四路)、螺线管、电磁阀、直流电机(两台)以及步进电机(一台两相或四相)。

1. L298N 的主要特点

(1) 发热量低;

(2) 抗干扰能力强;

(3) 驱动能力强(高电压、大电流);

(4) 可靠性高(使用大容量滤波电容,续流保护二极管,可过热自断和反馈检测);

(5) 工作电压高(最高可至 46 V);

(6) 输出电流大(瞬间峰值电流可达 3 A,持续工作电流为 2 A);

(7) 额定功率 25 W(电压×电流)。

2. 具体规格参数

(1) 技术参数如下:

① 电源电压(DC) 46.0 V (MAX);

② 输出接口数 4;

③ 输出电压 46 V;

④ 输出电流 2 A;

⑤ 通道数 2;

⑥ 针脚数 15;

⑦ 耗散功率 25 000 MW;

⑧ 输出电流(MAX) 4 A;

⑨ 工作温度(MAX) 130 ℃;

⑩ 工作温度(MIN) −25 ℃;

⑪ 耗散功率(MAX) 25 000 MW;

⑫ 电源电压 4.5~7 V;

⑬ 电源电压(MAX) 7 V;

⑭ 电源电压(MIN) 4.5 V。

(2) 封装参数如下:

① 安装方式 Through Hole;

② 引脚数 15;

③ 封装 Multiwatt-15。

(3) 外形尺寸如下:

① 长度 19.6 mm;

② 宽度 5 mm;

③ 高度 10.7 mm。

L298N 电路图如图 9.51 所示。

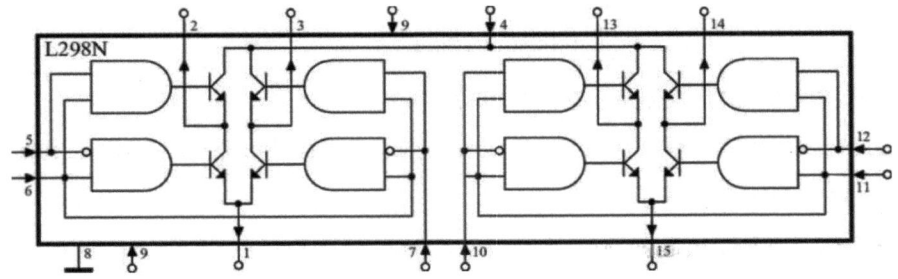

图 9.51　L298N 电路图

L298N 封装图如图 9.52 所示。

DIM.	mm MIN.	mm TYP.	mm MAX.	inch MIN.	inch TYP.	inch MAX.
A			5			0.197
B			2.65			0.104
C			1.6			0.063
D		1			0.039	
E	0.49		0.55	0.019		0.022
F	0.66		0.75	0.026		0.030
G	1.02	1.27	1.52	0.040	0.050	0.060
G1	17.53	17.78	18.03	0.690	0.700	0.710
H1	19.6			0.772		
H2			20.2			0.795
L	21.9	22.2	22.5	0.862	0.874	0.886
L1	21.7	22.1	22.5	0.854	0.870	0.886
L2	17.65		18.1	0.695		0.713
L3	17.25	17.5	17.75	0.679	0.689	0.699
L4	10.3	10.7	10.9	0.406	0.421	0.429
L7	2.65		2.9	0.104		0.114
M	4.25	4.55	4.85	0.167	0.179	0.191
M1	4.63	5.08	5.53	0.182	0.200	0.218
S	1.9		2.6	0.075		0.102
S1	1.9		2.6	0.075		0.102
Dia1	3.65		3.85	0.144		0.152

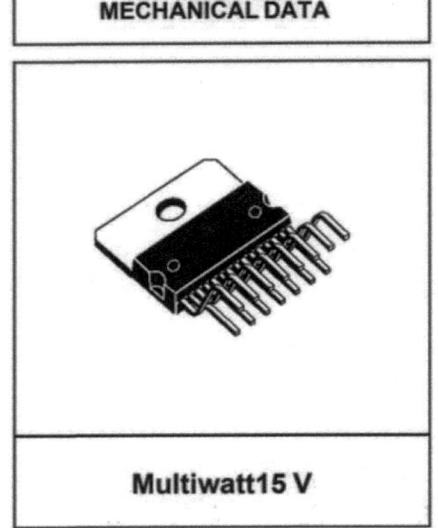

图 9.52　L298N 封装图

3. L298N 各引脚说明

Output A：接 DC 电机 1 或步进电机的 A+ 和 A-。

Output B：接 DC 电机 2 或步进电机的 B+ 和 B-。

5 V Enable：如果使用输入电源大于 12 V 的电源，请将跳线帽移除。当输入电源小于 12 V 时，短接可以提供 5 V 电源输出。

+5 V Power：当输入电源小于 12 V 且 5 V Enable 处于短接状态，可以提供+5 V 电源输出（实际位置请参考驱动板上的标注）。

Power Gnd：接地端。

+12 V Power：连接电机电源，最大 35 V。当输入电压大于 12 V 时，为确保安全，请去除 5 V Enable 针脚上的跳线帽（实际位置请参考驱动板上的标注）。

A/B Enble：可用于输入 PWM 脉宽调制信号对电机进行调速控制（如果无须调速，可将两引脚接 5 V，使电机工作在最高速状态，且将短接帽短接，实现电机正反转就更容易了）。

输入信号端 IN1 接高电平，输入端 IN2 接低电平，电机 M1 正转（如果信号端 IN1 接低电平，IN2 接高电平，电机 M1 反转）。控制另一台电机是同样的方式，输入信号端 IN3 接高电平，输入端 IN4 接低电平，电机 M2 正转（反之则反转）。PWM 信号端 A 控制 M1 调速，PWM 信号端 B 控制 M2 调速。

L298N 引脚说明如图 9.53 所示。

第 9 章 MicroPython 应用

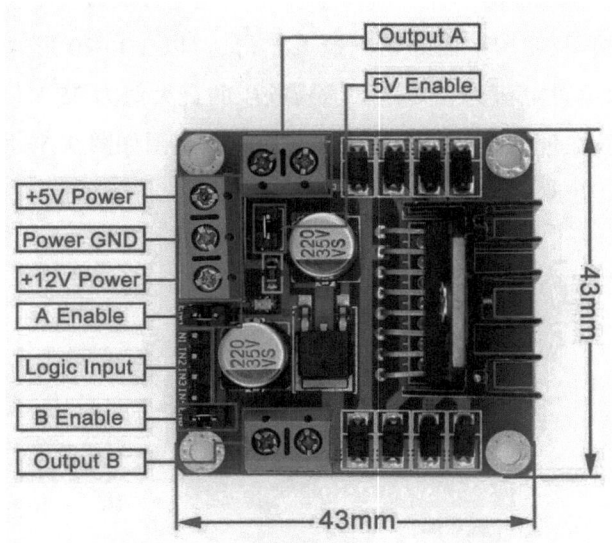

图 9.53　L298N 引脚说明

4. L298N 电机驱动版核心组件

L298N 各部分组成如图 9.54 所示。

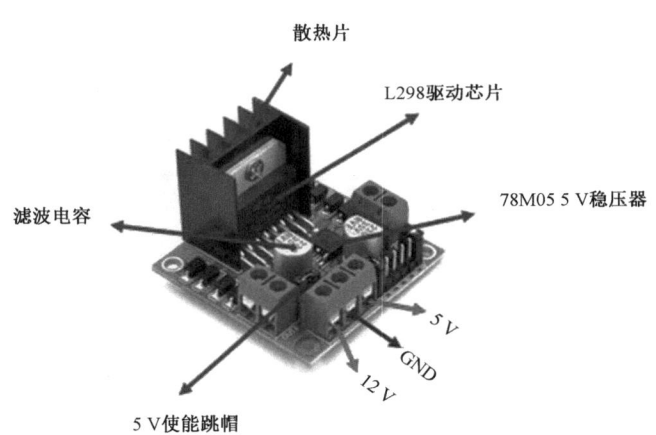

图 9.54　L298N 组成

L298N 电动驱动主要由两个核心组件组成，即 L298N 驱动芯片和 78M05 稳压器。

黑色散热片直接与 L298N 驱动芯片连接。散热片是一种无源热交换器，可将电子或机械设备产生的热量传递到流体介质中（空气或液体冷却剂），对芯片起到一定的散热作用，类似于电脑中的风扇。

129

78M05 稳压器(见图 9.55)是一种三端口电流正固定电压稳压器,这些端子分别是输入端子、公共端子和输出端子,使用平面外延制造工艺构造,以 TO-220 形式封装。输出电流的最大值为 500 mA,输入偏置电流为 3.2 mA,输入电压的最大值为 35 V。由于其具有在过流过热时关断的保护功能,在现实中被广泛使用。78M05 电路图如图 9.56 所示。

图 9.55 78M05 稳压器

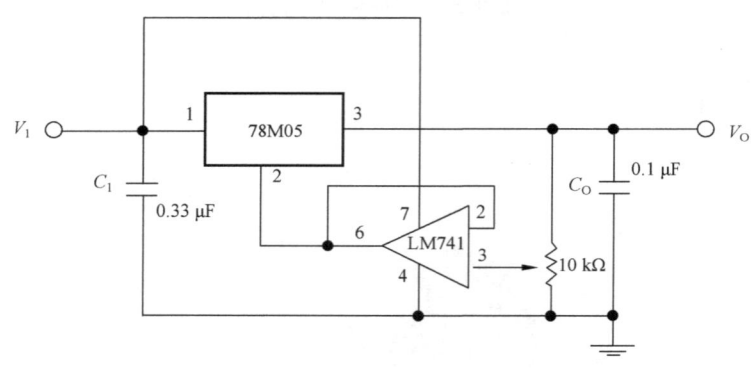

图 9.56 78M05 电路图

5. L298N 驱动直流电机原理图

L298N 驱动直流电机原理图如图 9.57 所示。

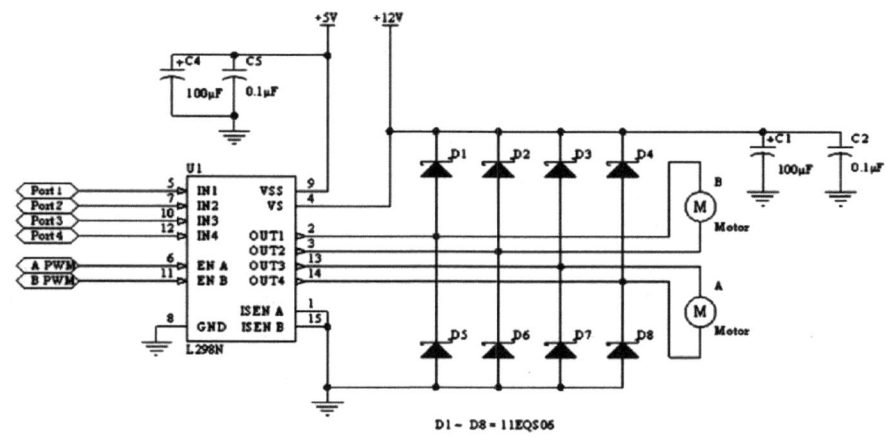

图 9.57　L298N 驱动直流电机原理图

在图 9.58 中的程序中,可以控制左侧电机正转,如需控制左侧电机反转,则改变 left1、left2 的高低电平即可。控制右侧电机正、反转同理。

```
1  from pyb import Pin
2  left1 = Pin("A8", Pin.OUT_PP)#左轮
3  left2 = Pin("B3", Pin.OUT_PP)
4  right1 = Pin("B6", Pin.OUT_PP)#右轮
5  right2 = Pin("A6", Pin.OUT_PP)
6  while True:
7      left1.high()
8      left2.low()
9      right1.low()
10     right2.low()
```

图 9.58　控制左侧电机正转的程序

也可以结合前面学习的知识,用蓝牙来控制电机正、反转,程序如图 9.59 所示。

```python
from pyb import UART,LED,Pin
import time
u1=UART(1)
p = Pin("C13", Pin.OUT_PP)
left1 = Pin("A8", Pin.OUT_PP)
left2 = Pin("B3", Pin.OUT_PP)
right1 = Pin("B6", Pin.OUT_PP)
right2 = Pin("A6", Pin.OUT_PP)
right1.low()
right2.low()
left1.low()
left2.low()
LED(1).off()
while True:
    duqu=u1.read()
    LED(1).on()
    if duqu==b'w':
        right1.low()
        right2.low()
        left1.low()
        left2.low()
        right1.high()
        left1.high()      #前进
        time.sleep(0.5)
    if duqu==b's':
        right1.low()
        right2.low()
        left1.low()
        left2.low()
        right2.high()
        left2.high()      #后退
        time.sleep(0.5)
```

图 9.59　蓝牙控制电机正反转的程序

如果把两个电机装上车轮，就可以控制小车前进、后退、左转、右转等。还可以采用 PWM 来对电机进行调速，其原理是电机的转速与电机两端的电压成正比，而电机两端的电压与控制波形的占空比成正比，因此电机的速度与占空比成正比，即占空比越大，电机转速越快。

9.12　WS2812 模块

9.12.1　WS2812 模块概述

WS2812 是一个集控制电路与发光电路于一体的智能外控 LED 光源。其外形与一个 SMD5050 侧发光 LED 灯珠相同，每个元件即为一个像素点。像素点内部包含了智能数字接口数据锁存信号整形放大驱动电路、电源稳压电路、内置恒流电路、高精度 RC 振荡器,输出驱动采用 PWM 技术,有效保证了像素点内光颜色的高一致性。主要应用于 LED 全彩发光灯串、LED 像素屏、各种电子产品、电器设备、跑马灯等。

其特点如下:

(1) IC 控制电路与 LED 点光源共用一个电源。

(2) 控制电路与 RGB 芯片集成在一个 5 mm 直径的圆头四脚直插封装的灯珠中,构成一个完整的外控像素点。

(3) 内置信号整形电路,任何一个像素点收到信号后经过波形整形再输出,保证线路波形畸变不会累加。

(4) 内置上电复位和掉电复位电路。

(5) 每个像素点的三基色颜色可实现 256 级亮度显示,完成 16 777 216 种颜色的全真色彩显示。

(6) 扫描频率为 2 kHz/s。

(7) 串行级联接口,能通过一根信号线完成数据的接收与解码。

(8) 任意两点传传输距离在不超过 2 m 时无须增加任何电路。

(9) 当刷新速率 30 帧/s 时,级联数不小于 2 048 点。

(10) 数据发送速度可达 800 kbps。

9.12.2　通信协议

数据协议采用单线归零码的通信方式,像素点在上电复位以后,DIN 端接受从控制器传输过来的数据。首先送过来的 24 bit 数据被第一个像素点提取后,送到像素点内部的数据锁存器,剩余的数据经过内部整形处理电路整形放大后,通过 DO 端口开始转发输出给下一个级联的像素点。每经过一个像素点的传输,信号减少 24 bit。像素点采用自动整形转发技术,使得该像素点的级联个数不受信号传送的限制,仅受限信号传输速度要求。

WS2812 时序图及连接方法如图 9.60 所示。

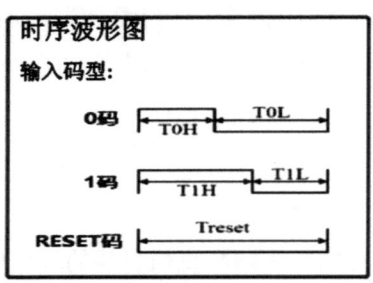

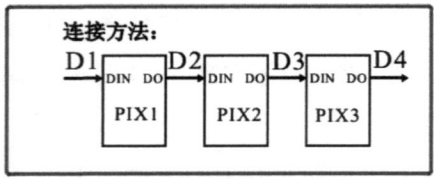

数据传输时间（TH+TL=1.25us±150ns）:

T0H	0 码，高电平时间	220~380 ns
T1H	1 码，高电平时间	750~1 μs
T0L	0 码，低电平时间	750~1 μs
T1L	1 码，低电平时间	220~380 μs
RES	低电平时间	280 μs 以上

图 9.60 时序波形图

WS2812 数据传输方法如图 9.61 所示。

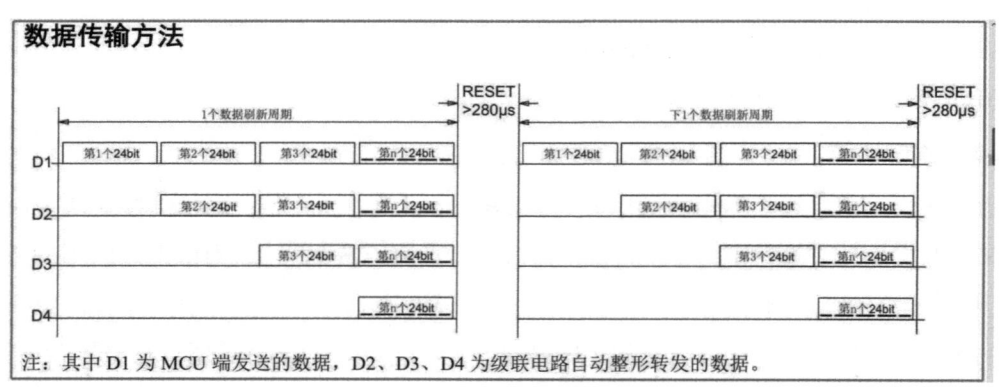

图 9.61 数据传输方法

简单说，就是在一个周期内，高电平和低电平的比例确定了数据帧为 0 还是为 1。

下面的是数据帧的组成部分：

数据帧为 1：高电平持续 T1H，低电平持续 T1L；

数据帧为 0：高电平持续 T0H，低电平持续 T0L；

复位帧：电平持续时间大于 280 μs。

复位帧可以理解为一个结束符号，让灯带知道需要操作 LED 灯的个数，例如，需要操作 10 个灯珠，但是有 20 个灯珠。这时，在第十个指令后面加个复位帧，就可以只控制前面 10 个灯，而不控制后面的灯。当然，前提是灯珠首尾相连。

WS2812 24 bit 数据传输顺序如图 9.62 所示。

G7	G6	G5	G4	G3	G2	G1	G0	R7	R6	R5	R4
R3	R2	R1	R0	B7	B6	B5	B4	B3	B2	B1	B0

注：高位先发，按照 GRB 的顺序发送数据(G7 → G6 →……..B0)

图 9.62 数据传输顺序

电路连接如图 9.63 所示。

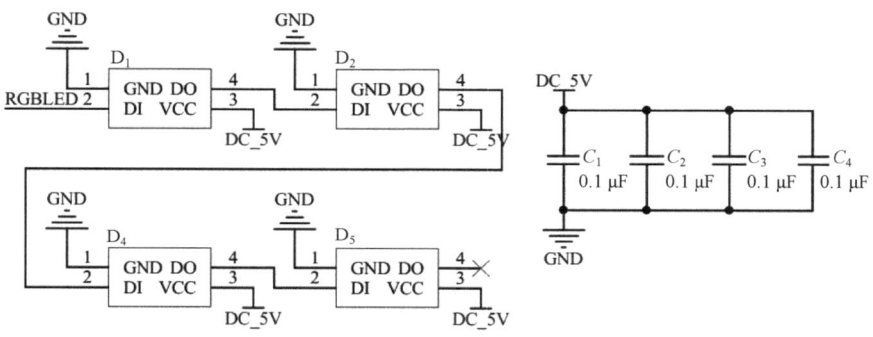

图 9.63 电路连接

在 WS2812 中，一个 LED 灯需要 24 位来控制，即三个字节，每个字节代表的是不同的 RGB。通过输入不同的数值，来控制不同的颜色。实际上，RGB 是自然界的三原色，其他颜色都是这三个原色的组合。

9.12.3 程序实现

控制 WS2812 三色灯点亮的程序如图 9.64 所示。

```
1 from pyb import SPI
2 from ws2812 import WS2812
3 import time
4 spi=SPI(2,SPI.MASTER)
5 ws=WS2812(spi_bus=2,led_count=3) #led_count灯串联数量
6 while True:
7     data=[(20,80,200), (30,211,0), (100,80,100)]
8     ws.show(data)
```

图 9.64 控制 WS2812 三色灯点亮的程序